船型设计最优化

赵 峰 李胜忠 著

国防工业出版社
·北京·

内 容 简 介

本书聚焦船型设计技术发展前沿,围绕船型最优化的本质特征,系统地介绍了以数学建模、数值评估、数理寻优为特征的船型设计模式。重点阐述了融合船体几何重构技术、船舶水动力数值预报技术、粒子群全局优化算法的"精细流场优化驱动的船型设计方法",可用于解决船舶阻力、流场、波浪增阻、运动响应等多目标综合优化设计问题。同时,本书介绍了该设计方法在低速船/中高速船、单体船/双体船、水面舰船/民船、高性能船等各类船舶工程设计中较广泛的应用与验证。通过优化设计,大幅提升了船舶航行性能。

本书可供船舶工程、计算流体力学、最优化设计等专业的师生,以及船舶构型设计和其他复杂外形优化设计等领域的工程研发人员参考。

图书在版编目(CIP)数据

船型设计最优化/赵峰,李胜忠著. —北京:国防工业出版社,2024.4
ISBN 978-7-118-13257-1

Ⅰ.①船… Ⅱ.①赵… ②李… Ⅲ.①船型设计—最优设计—研究 Ⅳ.①U662.2

中国国家版本馆 CIP 数据核字(2024)第 064710 号

※

国防工业出版社出版发行
(北京市海淀区紫竹院南路23号 邮政编码100048)
雅迪云印(天津)科技有限公司印刷
新华书店经售

*

开本 710×1000 1/16 印张 10 字数 180 千字
2024 年 4 月第 1 版第 1 次印刷 印数 1—1200 册 定价 138.00 元

(本书如有印装错误,我社负责调换)

国防书店:(010)88540777　　书店传真:(010)88540776
发行业务:(010)88540717　　发行传真:(010)88540762

前　言

船型优化设计的概念由来已久。早期船舶性能预报评估手段主要以模型试验为主，人们通过对大量模型试验结果进行统计回归，分析主要船型参数对船舶航行性能的影响，并根据积累的经验对船型进行"优化设计"（改进设计）。随着计算数学理论的不断完善，人们将最优化理论引入船型设计领域，开始结合已建立的船型参数与船舶航行性能之间的关系（经验公式、回归公式），开展基于船型参数的船舶航行性能优化设计。

船舶计算流体力学（computational fluid dynamics，CFD）的蓬勃发展，为船舶航行性能的预报提供了可靠、有效的工具和手段，结合形状表达与变形技术、智能优化技术的成熟和广泛应用，形成了以数学建模、数值评估、数理寻优为特征的船型设计模式，为船舶航行性能提升和构型创新提供了新的理论方法。

本书系统性地介绍了该设计模式的核心思想和基本理论，紧扣精细流场、围绕三大核心技术要素，重点阐述了精细流场优化驱动的船型设计方法，并给出了该设计模式在船舶实际工程设计中较广泛的应用与验证。

本书的主要内容包括四部分：

第一章绪论。简要介绍船型设计历史沿革，对相应概念的描述，船型优化设计的最新进展、未来发展趋势等。

第二章船型优化设计问题的实质。从数学的角度探讨船型设计的实质、数学模型，之后分别阐述了船型优化设计的三个基本要素：船型参数化表达与重构、船舶水动力性能预报、智能优化技术，并对每个要素涉及的方法、相关进展情况进行了描述。

第三章全局流场优化驱动的船型设计方法。本章介绍全局流场优化驱动的船型设计方法的技术内涵，详细描述了基于自由变形技术（free form deformation，FFD）的复杂船体几何局部与整体重构方法、基于雷诺平均纳维－斯托克斯（Reynolds-averaged Navier-Stokes，RANS）方程的船舶水动力性能预报方法、数值计算网格自适应方法、粒子群智能优化方法等，给出了船型优化设计系统的主要构成和功能。

第四章工程应用实例。本章全面系统地总结了"全局流场优化驱动的船型设计方法"在船舶实际工程设计中的应用情况。从设计对象来看包括：低速船/中高速船、单体船/双体船、水面舰船/民船、高性能船等，从解决的设计问题来看包括：

经济航速/设计航速阻力最小、伴流场品质最佳、波浪增阻/运动响应优化等,从构型设计区域来看包括:整体构型、球艏、尾部、附体等。具体应用对象涉及水面舰船(DTMB5415标准模型、水面舰船概念方案)、科考调查船("蓝海101"船、智能技术试验船、"探索一号"船)、高性能船("北调996"船、"三峡运维001"船)、低速肥大型船(6600DWT散货船、44600DWT散货船)等不同类型船舶。

  本书介绍的方法适用各类船舶构型的优化设计,提供的几何表达与重构方法、船舶性能CFD预报方法、粒子群优化算法可分别用于各类形状设计、船舶水动力性能评估、优化问题求解。

  本书中的工程应用实例来自中国船舶科学研究中心承担的项目,负责和参与的各位老师、同事给予作者很多指导和帮助,在此表示衷心的感谢。

  由于作者水平有限,书中难免存在错误和不妥之处,敬请读者批评指正。

作者

2023 年 12 月

目　　录

第一章　绪论 ··· 1
　1.1　船型设计技术演化简述 ··· 1
　1.2　设计与评估的基本概念 ··· 3
　1.3　船型设计技术研究进展与发展趋势 ······································· 6
　　1.3.1　研究进展 ··· 6
　　1.3.2　发展趋势 ·· 12

第二章　船型最优化问题的实质 ··· 17
　2.1　优化问题的实质与关键技术分析 ·· 17
　2.2　船型参数化表达与重构技术 ·· 18
　　2.2.1　船型表达类型 ·· 19
　　2.2.2　船体几何重构方法 ·· 20
　2.3　船舶水动力性能预报评估技术 ·· 23
　2.4　智能优化技术 ·· 25

第三章　全局流场优化驱动的船型设计方法 ····································· 30
　3.1　设计方法内涵 ·· 30
　3.2　船型优化设计三要素 ·· 32
　　3.2.1　基于FFD的复杂船体几何局部与整体重构技术 ······················ 32
　　3.2.2　基于RANS方程的船舶水动力性能预报技术 ························ 39
　　3.2.3　CFD数值计算网格自适应方法 ····································· 46
　　3.2.4　粒子群智能优化算法 ·· 49
　3.3　船型优化设计平台 ·· 57

第四章　工程应用实例 ··· 61
　4.1　水面舰船类 ·· 62
　　4.1.1　DTMB5415标准模型球艏优化设计 ································· 62
　　4.1.2　水面舰船阻力性能最优驱动的船型优化设计 ······················· 72

V

  4.1.3 水面舰船适航性最优驱动的船型优化设计 ································· 77
 4.2 科考调查船类 ·· 82
  4.2.1 设计对象与优化问题定义 ··· 82
  4.2.2 "蓝海101"船船型优化设计 ·· 82
  4.2.3 "新实践"号船船型优化设计 ·· 90
  4.2.4 智能技术试验船船型优化设计 ··· 94
  4.2.5 "探索一号"船船型优化设计 ·· 99
 4.3 小水线面双体船类 ·· 103
  4.3.1 设计对象与优化问题定义 ··· 103
  4.3.2 "北调996"船船型优化设计 ·· 107
  4.3.3 "三峡运维001"船船型优化设计 ·· 118
 4.4 低速肥大型船类 ·· 123
  4.4.1 设计对象与优化问题定义 ··· 123
  4.4.2 6600DWT 散货船船型优化设计 ·· 125
  4.4.3 44600DWT 散货船船型优化设计 ·· 129
 4.5 渔船类 ·· 135
  4.5.1 设计对象与优化问题定义 ··· 135
  4.5.2 63m 拖网渔船船型优化设计 ·· 135
  4.5.3 多功能远洋渔船船型优化设计 ·· 140
 4.6 船型设计技术应用效果总结 ·· 147
参考文献 ·· 149
后记 ··· 156

第一章 绪 论

1.1 船型设计技术演化简述

船舶的设计与建造历史悠久,从低级向高级,从简单到复杂,从人工到智能,逐步走过经验化、机械化、电气化时代,开始向信息化、智能化的方向发展。船舶设计技术的发展也经历了几个阶段。

独木舟、帆船、大型木桨船等这些船舶的设计主要依托人们的经验,经过长期的实践检验,逐步改进,形成为数不多的经典船型,如图1.1~图1.3所示。

图 1.1 公元前 8000 年的独木舟

图 1.2 中国舢板帆船

傅汝德假定奠定了水池试验技术的基础。拖曳水池开创了船舶性能研究、设

图 1.3　郑和大号宝船复原船模

计的新纪元,如图 1.4 所示。水池试验由阻力试验扩展到推进、自航、耐波性、操纵性、空泡、流场等,形成了一套由船模试验到实船预报的完整体系,推动船舶设计的第一次革命性发展。据不完全统计,世界范围内各类船模水池有 150 余座,水池试验成为船舶水动力性能研究和设计的主要手段和第一选择。

图 1.4　最早的拖曳水池(1872 年)

计算机技术的发展,推动船舶计算流体力学的蓬勃发展,运用数值模拟手段代替物理模型试验的思想应运而生。虚拟试验能够提供迅速的、准确的和低成本的舰船水动力性能以及全面、精细的流场信息预报结果,已成为船舶航行性能预报和优化的重要研究手段。

由于早期船舶性能预报评估手段主要以模型试验为主,人们通过对大量模型试验结果进行统计回归,分析主要船型参数对船舶航行性能的影响,并根据积累的经验对船型进行"优化设计"。

随着计算数学理论的不断完善,人们将最优化理论引入船型设计领域,并开始结合已建立的船型参数与船舶航行性能之间的关系(经验公式、回归公式),开展基于船型参数的船舶航行性能优化设计。

船舶 CFD 应用技术的发展,给水动力性能快速评估预报提供了一种准确可靠的工具,相关多学科多目标优化理论方法的快速发展,给复杂设计优化问题的求解提供了技术手段,结合形状表达与变形技术,形成了以数学建模、数值评估、数理寻优为特征的船型设计模式,为船舶航行性能提升和构型创新提供了新的理论方法。

(1) 数学建模:将各类船型设计优化问题,用数学的方法进行建模,形成数学模型;

(2) 数值评估:采用 CFD 等数值方法预报船舶的航行性能;

(3) 数理寻优:采用最优化理论、智能算法等对数学模型进行求解,获得设计优化问题的最优解。

1.2 设计与评估的基本概念

在船舶领域,性能评估、性能预报、性能优化、性能设计、多目标优化、多学科优化等词汇使用频率极高,但是所表达的内涵有时相同,有时存在差异,导致一些概念混淆不清。本节以船舶水动力性能为例,解析船舶水动力性能研究、性能设计、性能优化设计、性能多学科优化设计等概念的内涵。

1. 船舶水动力性能研究

船舶水动力性能研究的内涵是船舶水动力性能试验技术与分析预报技术研究,即采用理论分析、数值计算、模型(实船)试验等方法对船舶的水动力性能进行研究,其输入为船舶水动力构型(船型),其输出为性能分析预报结果,如图 1.5 所示。

船舶水动力性能研究的主要目的和作用:

(1) 验证给定构型的性能指标是否满足要求;

(2) 比较不同构型水动力性能的优劣;

(3) 研究性能与构型的响应关系,为性能设计提供依据和方向。

从正逆问题的角度来看,属于正问题,即计算问题:对给定对象(船型),利用相应的技术手段(理论、数值、试验)进行性能分析,也就是常说的评估和预报,属于性能研究范畴。

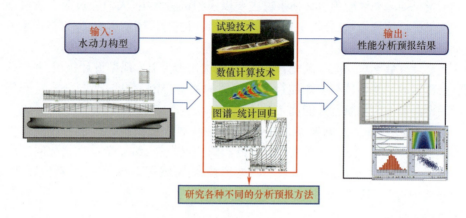

图1.5 船舶水动力性能研究过程

2. 船舶水动力性能设计

船舶水动力性能设计其内涵是以性能驱动,经过构型设计—性能评估—构型改进的循环,直至获得满足性能指标和约束要求的船舶水动力构型的过程。其输入为性能设计(约束)要求,输出为船舶水动力构型,如图1.6所示。

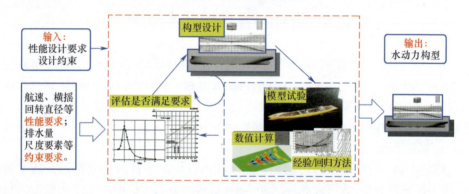

图1.6 船舶水动力性能设计过程

在性能驱动的设计过程中,性能分析评估预报技术是基础前提,参与其中的设计师的经验和知识认知是设计优劣的关键,这个设计过程通常被称为"优化"(优化这个术语出现的频率特别高)。但是,这个设计过程事实上不能称为最优化,只是多方案优选或选优,最终结果只为满足设计要求。

3. 船舶水动力性能优化设计

随着船舶水动力性能研究的不断深入,在某些方面,经验回归或数值方法(如CFD)已能够替代模型试验,在工程上可用于评估给定构型水动力性能的优劣。当这些方法与最优化理论相结合,利用计算机实现自动化流程,就形成了船舶水动力性能优化设计。在这个设计优化过程中,可以获得给定设计问题的优化方案,结果不再取决于设计师的经验,如图1.7所示。

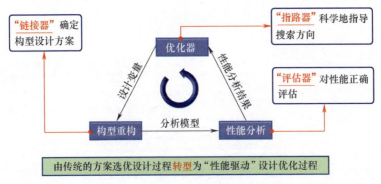

图1.7 船舶水动力性能设计优化过程

从正逆问题的角度来看,这类性能最优驱动的船型设计属于逆问题,即设计问题:在给定设计目标和约束的条件下,利用CFD技术和最优化理论对船舶构型设计空间进行探索寻优,并最终获得设定目标最优时所对应的水动力构型。

性能优化设计问题根据设计目标的多少,可分为单目标优化设计和多目标优化设计,多目标中的不同目标一般属于同一学科,比如:阻力和流场、多个航速下的阻力、运动响应等,目标所对应的设计变量也基本相同。

4. 船舶水动力性能多学科优化设计

如果一个船舶性能的设计目标是阻力低、结构轻、噪声低、振动小。这个问题的设计目标显然不属于同一个学科,多目标优化设计是难以解决这类问题的。

多学科设计优化(multidisciplinary design optimization,MDO)是以处理系统(学科)间交互影响为核心的复杂系统设计优化方法,它不是研究单目标或多目标优化流程的局部改进,而是研究系统设计优化问题的分解与组织构架,是一种通过充分探索和利用系统中相互作用的协同机制来设计复杂系统和子系统的方法论,如图1.8所示。

多目标优化是相对于单目标优化来说的,多目标优化问题有多个目标(单目标只有一个最优解、多目标可能有多个最优解)。

多目标优化的理论基础是最优化理论,求解方法是各类优化算法,关注的重点是从中获得的帕累托(Pareto)最优解。

多学科优化是相对单个学科优化来说的,其各个子学科可以分别是单目标或多个目标。多学科优化的理论基础是系统工程论,求解方法是优化策略(如协同优化方法、并行子空间优化方法),即解决和协调各个学科寻找各自最优点过程中

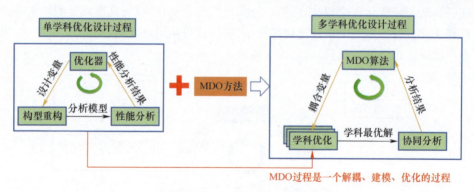

图1.8 多学科优化设计过程

产生的耦合关系的方法;关注的重点是建模和解耦,即建立多学科系统的整体数学模型及协调子学科间的耦合。

多目标优化和多学科优化是两个层次的概念,它们的理论基础、要解决的问题及其求解方法、关注的重点(难点)均有本质的区别。只是最终的目标相似(寻求最优,多学科优化是寻求整个多学科系统最优,多目标优化是寻求整个优化问题的多目标最优解集)。

本书仅仅关注多目标优化,暂不涉及多学科优化相关内容。

1.3 船型设计技术研究进展与发展趋势

1.3.1 研究进展

船型优化设计的概念由来已久,由于早期船舶性能预报评估手段主要以模型试验为主,人们通过对大量模型试验结果进行统计回归,分析主要船型参数对船舶航行性能的影响,并根据积累的经验对船型进行优化设计(改进设计)。随着计算数学理论的不断完善,人们将最优化理论引入船型设计领域,并开始结合已建立的船型参数与船舶航行性能之间的关系(经验公式、回归公式),开展基于船型参数的船舶航行性能优化设计。这种方法基于模型(实船)试验数据统计结果,简单、快捷、稳定,对于相似的船型有一定的准确性,主要用在船舶初始设计阶段。

书中涉及的方法是随着CFD技术、CAD技术以及最优化技术的发展,而出现的一种新的研究方向。与基于CFD的多方案选优不同,将CFD技术系统地融入优化过程,实现对目标函数的直接寻优。经过十几年的发展,该方法的重要性及展现的优越性已引起越来越多的国家和科研单位的关注,并纷纷投入研究力量开展技术攻关。意大利国家船舶与海洋工程研究中心在基于仿真的设计(simulation based design,SBD)技术的船舶水动力性能优化设计方面开展了大量的研究工作,对船体几何重构技术、多目标全局优化技术、近似技术、综合集成技术(并行计算)等进行了较为系统的研究。由欧盟 14 个研究机构参与 FANTASTIC 项目[1],以改进船型设计模式为目标,开展了 SBD 技术研究,对船体参数化重构方法、CFD 分析工具以及不同的优化算法进行了探索研究,并将不同的工具集成为一个软件系统,用于船舶初始设计阶段的船型优化设计。第 27~30 届美国海军研究办公室(Office of Naval Research,ONR)船舶水动力学会议均将船舶水动力构型优化设计技术作为一个重要的专题方向。此外,第 26 届国际拖曳水池会议(International Towing Tank Conference,ITTC)[2]也将 SBD 技术作为阻力委员会的工作方向之一。

20 世纪 90 年代末,最优化理论被引入船型设计领域,并结合基于势流理论的船舶阻力预报评估方法,开始以减小兴波阻力为目标对船型进行优化设计。该阶段研究主要集中在船型优化设计中的优化方法、船体几何参数化表达、数值计算等方面[3-7]。Huan 等[8]采用高效的基于梯度伴随矩阵优化方法(adjoint optimization method)开展了船舶水动力优化设计,采用势流方法(非线性自由表面流动)计算兴波阻力。之后,许多研究者[9-14]以兴波阻力作为目标函数,采用基于梯度的优化方法对整个船体进行优化设计,其中,对目标函数的计算主要采用势流兴波理论。

Tahara 等[15]采用参数化模型法,选择 6 个参数控制船型生成,用序列二次规划方法(sequential quadratic programming,SQP)对非线性优化问题进行求解,分别对 DTMB5415 的船艏、声呐罩、船艉线型进行了优化设计。Tahara 等[16]应用 SBD 技术对高速船的喷水推进系统进行了多目标优化设计。Tahara 等[17]还将 SBD 技术用于节能导管、预旋导叶等节能装置的优化设计,采用高质量网格和高精度 CFD 求解器对目标函数进行评估,某散货船节能导管优化设计结果经模型试验验证,节能效果达到了 4.6%,对某油船预旋导叶的优化设计使有效功率减小 1.5%。

Valorani 等[18]为提高优化效率,对船型优化设计中的优化策略进行了研究。Peri 等[19]以总阻力和船舶兴波波幅为目标函数,对某油轮球鼻艏进行了优化设计,采用势流方法和经验公式对目标函数进行计算,利用 Bezier Patch 方法实现球艏几何重构,分别选用变梯度法、序列二次规划、最速下降法三种不同的优化算法进行优化求解,并对优化结果进行了模型试验验证,其中一个优化方案的总阻力收益为 3%左右。Valorani、Peri 和 Campana[20]针对如何减少整个优化设计过程中的计算费用问题,对优化算法进行了研究,采用灵敏度方程方法(sensitivity equation methods,SEM)和伴随方法(adjoint methods,AM)加快了收敛速度,提高了优化效率。

Campana、Peri 等[21]以减小水面舰船艏部兴波波幅作为优化目标,对水面舰球艏构型进行了优化设计,球艏几何重构采用 Bezier Patch 方法,兴波波幅采用势流方法计算。之后,分别对优化设计获得的优化方案、原始方案及专家改型方案进行了模型试验验证。结果表明:专家改型方案的艏部兴波波幅较原始方案减小了35%,而最优设计方案则减小了71%。充分证实了SBD技术的优越性。Campana、Peri等[22-26]在2003-2009年期间,以DTMB5415船模作为优化对象,对多目标全局优化算法和近似技术(变逼真度模型)以及船体几何重构方法(分别采用Bezier Patch和基于CAD的几何重构方法)进行了较为详细的研究。对优化设计方案的模型试验,验证结果表明:优化设计方案的总阻力比初始设计方案减小5.23%。为了推进SBD技术面向实际的工程应用,Peri和Campana等[27-28]以解决高精度CFD数值计算带来的响应时长和计算费用问题为目标,对简约策略——近似技术进行了详细的总结和研究;结果表明,采用合适的近似方法在保证优化结果精度的条件下能够大幅减少整个优化问题的求解时间。Pinto、Peri等[29]对粒子群优化算法进行了详细的研究,并对该方法进行了改进,提出了确定性粒子群优化算法。

Zalek[30]对船型优化设计研究进展进行了详细的总结,以快速性指标和耐波性指标作为目标函数,开展了舰船多目标优化设计。Peri、Tahara、Campana等[31-33]采用两种多目标全局优化算法对高速双体船分别进行了给定航速下的单目标(阻力)优化设计、单目标多点(对应三个航速加权)优化设计以及多目标(阻力和耐波性)优化设计。

Kim、Yang等[34]分别采用基于拉肯比(Lackenby)变换的船舶整体几何重构方法、基于径向基差值函数的船体局部几何重构方法以及两者相结合的重构方法,以 $Fr=0.22,0.305,0.33$ 三个速度下总阻力作为目标函数,对系列60线型船舶进行了优化设计。总阻力由兴波阻力(基于诺伊曼-米切尔(Neumann-Michell,NM)理论的高效评估器计算)和摩擦阻力(ITTC公式计算)相加获得,优化算法采用多目标遗传算法。优化结果表明:基于Lackenby变换的整体几何重构方法,对应的三个航速总阻力收益分别为-0.34%、2.12%、2.32%;基于局部几何重构方法,总阻力收益相对较大,分别为2.45%、9.04%、5.71%;基于整体与局部相结合的几何重构方法,总阻力的收益最大,分别为1.45%、11.65%、7.97%。此外,Kim[35]采用上述方法还对Wigley船型和KCS船模进行了优化设计研究。Yang等[36]基于NURBS船体几何变形方法开展了船舶球艏水动力优化设计。

Diez、Fasano、Peri等[37]分析了船舶设计过程中的不确定因素,应用Bayes理论建立了相应的表达公式,给出了优化设计不确定度的量化方法,并在此基础上,针对快艇鳍龙骨的多学科优化设计问题,分别建立了常规MDO模型和基于稳健性设计的MDO模型。

Han等[38]对集装箱船和液化石油气(Liquefied petro leum gas,LPG)船分别进行了优化设计。作者基于Lackenby船型变换思想,通过变换横剖面面积曲线来获得不同的船型,实现船体几何重构,采用试验设计方法对各船型参数进行了敏感性分析,利用 SHIPFLOW 软件对兴波阻力进行计算。LPG 船的最优设计方案,经模型试验验证总阻力减小了 5.7%。

Serani 等[39]考虑预优化过程中对船舶设计空间的降维,针对传统线性方法如主成分分析法(principal component analysis,PCA)不能处理小的变化引起的重大物理现象(如过渡、分离现象和非线性现象)问题,研究了船舶设计空间的非线性降维方法:Local PCA(LPCA)和 Kernel PCA(KPCA),应用于 27 个设计变量的目标船型,KPCA 和 LPCA 均实现了降维到 14 个设计变量,优于线性 PCA 优化到 19 个设计变量。

Demo[40]鉴于在参数偏微分方程领域,船型优化存在计算资源限制问题,研究了采用降阶模型减少船型优化计算耗时问题,利用本征正交分解、高斯过程回归和主动子空间遗传算法建立降阶模型,对原始的高维模型进行简化,在标准船模上进行了验证,优化船型的阻力明显减小。Grigoropoulos 等[41]将势流求解器与黏流求解器相结合,解决黏流求解器计算时间长的问题,采用遗传算法开展了船型的优化设计。

Harries 等[42]针对减少模拟驱动设计中高精度计算对计算资源的需要,在通用的过程集成和设计优化环境软件中,使用势流求解器 XPAN 和黏流求解器 Neptuno 计算双体船的性能。通过试验设计和主成分分析法对设计变量的敏感度进行了分析,设计变量的数量从 14 个减少到 7 个。结果表明计算时间减少了 33%。Hamed[43]采用自由变形方法实现船体几何变形、基于 RANS 方程的数值模拟方法计算船舶阻力、非支配排序遗传算法进行优化求解,对三体船船体形状进行了优化。优化结果表明,船体阻力降低了 13.3%,尾流系数提高了 7.58%。Ichinose[44]鉴于传统船舶设计船型参数和设计空间存在不确定性,提出了基于船型坐标系方法,解决了多个船型不易融合的问题。

Khan 等[45]针对在模拟驱动的形状优化领域,应对维度灾难的常见降维方式中不能体现物理和几何内部信息和原理的缺陷,研究形状监督的降维方法。采用了计算几何矩及其不变量来确定形状的唯一表示向量,将其嵌入到广义希尔伯特空间,形成有物理和几何监督的子空间。以三维机翼和船体模型为对象进行了验证,结果表明原始设计空间的维数显著减少,同时保持很高比例的有效几何设计空间,从而促进快速收敛到最优解。

综上所述,国外在船型优化设计方面开展了大量的研究工作,也取得了诸多成果。从技术状态来看:船体几何自动重构方法主要采用基于 Lackenby 变换思想的船体特征参数变形方法和基于几何造型技术的 FFD 方法,优化算法已从早期的基于梯度的传统算法到目前大多使用随机搜索算法,船舶水动力性能评估方法还是以势流理论+ITTC 公式和基于 RANS 方程的高精度评估为主。此外,深度学习、机器学习等一些人工智能算法已在优化设计过程中进行应用。

在国内,自 21 世纪初以来,船舶水动力性能数值预报评估技术得到了快速的发展,并在船舶设计领域得到了广泛的应用(主要是对给定船型的性能进行预报分析)。近年来,随着优化技术在船舶领域的应用以及船体参数化表达技术的发展,人们开始将基于数值的预报工具与优化技术和船体几何重构技术结合,开展以减阻为目标的船型优化设计研究。

卢晓平等[46]采用线性兴波阻力理论中的切比雪夫多项式法对穿浪双体船进行优化,并采用变分法获得兴波阻力最小的穿浪双体船优化片体的横剖面,最优横剖面的船型兴波阻力减小了 15% 左右。叶茂盛,张宝吉,马坤等[47-49]以兴波阻力作为优化目标,采用 Michell 积分法和 Rankine 源法对其进行计算,分别利用传统的非线性规划方法和遗传算法对 Wigley 船模、S60 船型和集装箱船球艏进行了优化设计,船体几何重构采用参数化模型法。利用上述方法,张宝吉等[50]针对高速巡逻艇开展优化设计,最优船型总阻力数值计算结果与原始方案相比降低了13.1%,兴波阻力降低了 21.7%。

冯佰威等[51]以总阻力作为优化设计目标,利用遗传算法对 1300TEU 集装箱船球艏进行了优化设计,船体几何重构采用船型参数化融合方法(叠加调和法),总阻力中的兴波阻力采用 SHIPFLOW 软件计算,黏压阻力和摩擦阻力采用 Holtrop 方法估算。采用 iSIGHT 优化平台将船型参数化融合模块与阻力性能分析、优化算法等集成起来。此外,冯佰威、刘祖源等[52]利用 iSIGHT 优化平台对船舶三维建模软件、CFD 计算分析软件之间的数据集成和过程集成进行了研究。文献[53]采用一种组合函数修改船体曲面的方法,实现船体曲面的大范围变形,以兴波阻力为目标函数,对 1300TEU 集装箱船线型进行了优化设计。

钱建魁等[54]利用 iSIGHT 优化平台集成 CFD 技术、船型变换及自动生成技术和响应面模型、组合优化算法,开展了以最小阻力为优化目标的船型优化设计。船体几何重构采用 Lackenby 变换方法;兴波阻力采用 SHIPFLOW 软件中二阶面元法计算,黏性阻力采用 ITTC(1957)相关统计公式计算;优化策略首先采用构建响应面模型,其次利用进化遗传算法与二次序列规划相结合的二阶组合优化方法在响应面模型上进行优化设计。以某母型船作为优化设计对象,最终优化方案的总阻力计算结果比母型船减小了 9.42%。

吴建威等[55]利用平移法与径向基函数法变换船体曲面,以基于 NM 理论的求解器计算兴波阻力系数,采用遗传算法对 Wigley 船进行了优化设计,并采用 RANS 方法对优化结果进行了验证。邓贤辉等[56]利用 SHIPFLOW 软件计算兴波阻力,采用船型参数化融合模块实现船型变换,在 iSIGHT 优化平台上开展了某双艉集装箱船的船艏和船艉线型优化设计。侯远杭等[57]研究了不确定性优化方法在船型优化设计中的应用。

李胜忠[58]基于 SBD 技术,通过对船体几何建模与重构、全局最优化技术、综合集成等关键技术的突破,研究了与高精度 CFD 数值预报方法(RANS 方法)的结合,实现了以精细数值评估为特征的船型优化设计框架,以快速性能最优为主要目标对 DTMB5415、6600DWT 散货船、44600DWT 散货船进行了优化设计。以典型的 DTMB5415 作为研究对象,设计航速下的总阻力作为优化目标,采用建立的优化设计框架对其球艏构型进行了优化设计。结果表明最优设计方案的总阻力收益十分显著,验证了建立船型优化设计框架的有效性。结果表明最优设计方案在设计航速总阻力均减小 6%左右,在整个航速范围内,总阻力最大收益达到 6.73%,充分展示了基于 SBD 技术的船型优化设计的优越性。6600DWT 散货船艉部构型优化设计结果表明:在满足工程约束条件的情况下,最优设计方案总阻力的收益十分显著。44600DWT 散货船整体构型优化设计结果表明:优化方案在整个航速范围内的减阻效果均十分明显(在 5%左右)。

程细得等[59]为实现船体型线的自动优化,将径向基函数插值技术应用于船体曲面的三维自动变形,重点围绕 Wendland 基函数的支撑集半径选取问题开展研究,提出利用 Delaunay 三角剖分的方式确定支撑半径的新方法。在此基础上,完善基于径向基插值的船体曲面变形模块,并将其应用于典型船型优化中,得到了两个船型优化方案,结果显示两优化船型在不同航速下总阻力都有不同程度的减小。

赵峰、李胜忠等[60]系统介绍了 SBD 技术设计方法的概念内涵和关键技术,开展了 6600DWT 和 44600DWT 等多型散货船线型优化设计,减阻效果及推进效率提升十分显著;以 44600DWT 散货船为例,优化方案的模型总阻力较原始方案减小 5%(其中剩余阻力减小了 19.1%),不均匀度指标减小了 4.4%,优化方案的桨盘面"钩状"特征消失,表明桨盘面的流场品质有所改善。优化方案船体艉部低压区面积也较目标船明显减小。倪其军[61]采用 SBD 技术对"探索一号"科考船艏部线型进行了优化设计,并将设计结果进行了详细的对比分析。

万德成等[62]自主开发了一套船型优化设计工具,对 S60 的船体曲面采用平移法进行全船变形,采用径向基函数方法进行船舶首部局部变形,利用 Sobol 算法生成 64 个样本船型,并通过 NMShip-SJTU 计算兴波阻力系数,1957ITTC 公司计算摩擦阻力系数,从而获得总阻力近似值。构建 3 个航速下总阻力值关于船型变换参数的近似模型,通过多目标遗传算法得到优化解集,获得的优化船型总阻力明显降低。

李胜忠等[63]通过融合多目标优化、船舶水动力性能高精度数值评估、船体几何自动变形重构三大技术,以设计目标驱动的船舶水动力构型设计创新模式为基础,建立了船体线型优化设计平台,开展了考虑波浪环境下的船舶阻力与运动响应多目标优化设计。

吴皓[64]研究主要着眼于基于 SBD 技术的新型船型优化设计理念。以某艘远洋渔船为研究对象,围绕全参数化建模展开研究,重点突破船体几何重构技术,同时依托先进可靠的 CFD 技术并运用最优化技术,综合集成技术建立船型优化设计框架,最后完成总阻力性能最优的船型优化设计。优化后的阻力结果同比下降 12.2%。

陆超[65]等采用逐步趋近分析方法,对该船型及附体进行多方案对比分析,利用数值模拟的方式优选阻力性能好的船型,并通过模型试验进行验证,对高速船型融合特型球鼻艏的船型方案进行优化设计。结果表明,最终优化形成的圆舭型融合圆柱形球艏船型是满足布置需求且快速性能兼优的船型。

汤佳敏[66]基于卷积神经网络建立了船舶阻力性能快速预报方法,系统分析了方法的有效性以及船型半宽值与船舶阻力的相关性等。以大型油船为研究对象,建立了基于卷积神经网络的船舶阻力性能快速预报模型。

冯榆坤[67]总结了 SBD 方法涉及的各项关键技术,着重研究了基于支持向量回归算法的代理模型构建方法。陈帅[68]将船型重构与变形技术、船体兴波阻力预报技术、最优化技术和近似技术有序集成,形成船型优化设计系统,并对 Wigley 和 KCS 船型进行了优化设计。庄正茂[69]开展了 SWATH 船型不同航速下的阻力优化,最终获得最优船型。冯佰威等[70]采用径向基函数插值的曲面变形方法,以 Series60 船型为研究对象,完成给定约束条件下的船型优化。

综上所述,国内在船型优化设计方面开展了大量的研究工作,主要集中于船型最优化的几何重构、性能预报、优化方法三大技术要素,在优化方法、高精度求解器带来的时间问题(近似技术)等方面研究较多,而在实际工程应用等方面研究相对较少。研究应用对象和手段较为简单,且同质化,精细度、工程应用性也相对较差。

1.3.2 发展趋势

从优化算法、优化目标、几何重构、优化对象、性能评估、近似模型等发展过程梳理的船型优化设计发展方向如图 1.9 所示。

在最优化技术的应用方面,最初研究者主要采用传统优化方法,如共轭梯度法(conjugate gradients,CG)、二次规划算法(sequential quadratic programming,SQP)、最速下降法(steepest descent,SD)等,这类算法具有效率高、收敛快的特点。人们通过对不同优化算法在船型优化设计问题中优化效果的深入研究,逐渐认识到传统的优化算法在求解船型设计这类复杂优化问题时,容易陷入局部极值。于是,人们开始采用随机搜索算法用于船型优化设计,如进化算法、遗传算法等,并通过对该类算法进行改进来提高算法的效率和收敛速度,如图 1.10 所示。

船体几何重构技术直接决定船体构型设计空间的大小,从最初的基于船型参数的重构方法(如 Lackenby 变换方法)逐渐向基于船体几何的重构方法发展。目前,针对不同的优化设计对象,出现了多种几何重构方法,如叠加调和方法、Bezier

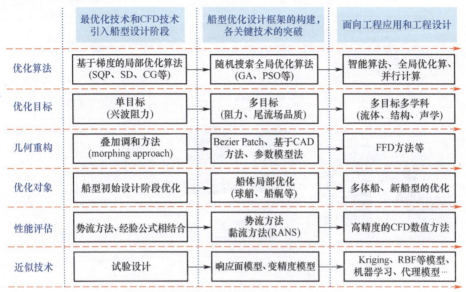

图 1.9 船型优化设计技术各环节发展趋势

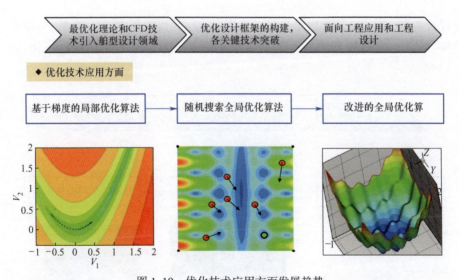

图 1.10 优化技术应用方面发展趋势

Patch 方法、FFD 方法和基于 CAD 方法等,如图 1.11 所示。

在船舶水动力性能预报方法的选择方面,从采用经验公式、势流方法等低水平的方法逐渐向高精度的黏流方法(RANS 方法)发展,如图 1.12 所示。同时,近似技术的应用和计算机技术的快速发展,也为高精度数值预报方法在船型优化设计中的应用提供了条件。目前,近似技术已从早期的采用试验设计方法探

13

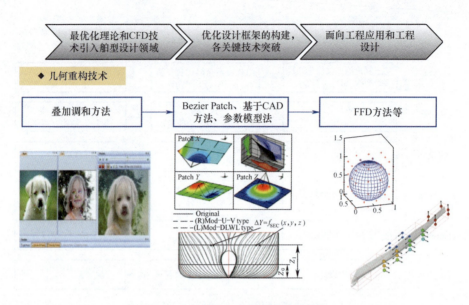

图 1.11　船体几何重构技术发展趋势

索设计空间、分析设计参数对目标函数的灵敏度,到利用响应面模型、变逼真度模型、Kriging 模型和 RBF 模型等来代替真实模型,在近似模型上进行优化,如图 1.13 所示。

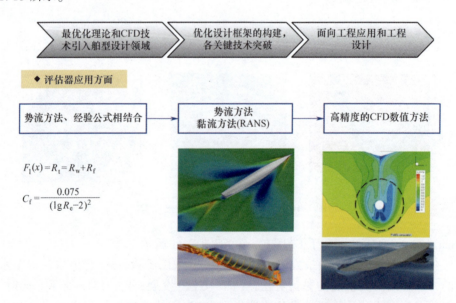

图 1.12　船舶性能预报方法应用方面趋势

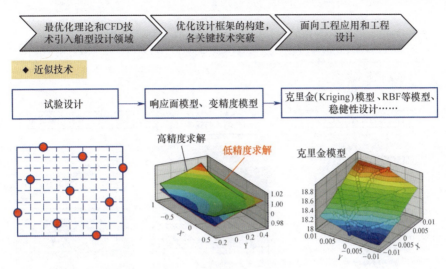

图 1.13 近似技术方面趋势

优化设计目标选择主要与船舶水动力性能预报评估技术的发展相联系。由于势流兴波理论已发展得较为完善,且计算效率高,最初主要以兴波阻力或总阻力作为目标函数对船型进行优化设计,总阻力的预报常采用势流兴波理论结合经验公式的方法。随着黏流数值预报方法的快速发展和应用,优化目标的选择也从单一的阻力向阻力、流场、波浪中的运动响应等多个目标发展,并有从单学科向多学科发展的趋势,所解决的问题也越来越接近于实际工程设计,如图 1.14 和图 1.15 所示。

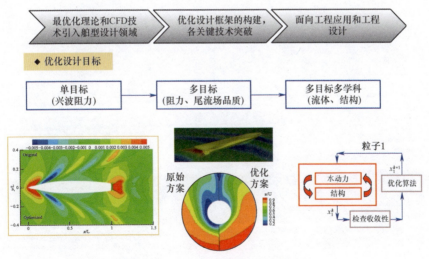

图 1.14 优化设计目标方面趋势

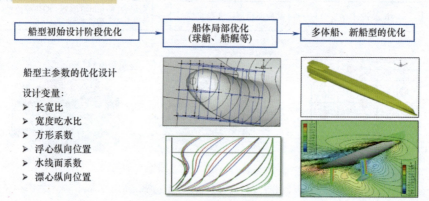

图 1.15 设计对象方面的趋势

第二章 船型最优化问题的实质

船舶构型设计是一门复杂的综合性技术,涉及的技术子领域多、技术积淀历史长、创新的约束条件强,是船舶总体设计中的一个核心环节,设计水平和能力对船舶综合航行性能和产品竞争力有着重要的影响,也是促进船舶工业发展和实现船舶创新设计需求中亟待解决的关键技术问题。

传统的船型设计首先根据母型船型线、模型系列试验资料,按照某种规则由人工经验认识对型线加以修改得到目标船型;其次,一方面,制作模型依次进行各项水动力模型试验,另一方面采用CFD技术对目标船型的水动力性能进行辅助分析;最后,利用模型试验及CFD预报结果进行综合水动力性能评估。这种设计方法依然是目前普遍采用的经典方法,毋庸置疑,它在船舶创新设计中发挥了积极的推动作用,并仍在发生作用。但传统方法存在一些局限性:型线基于母型变换、有限方案选优,失去创造性;依赖设计者经验,认知存在局限,浅层挖掘,结果仅为可行设计;专家经验和知识难以进行传承和共享。这些问题严重制约了船舶构型创新设计能力与设计效率的提升。

将船舶CFD数值预报技术与最优化理论及船体几何重构方法集成起来,形成了一种基于SBD技术的船舶水动力构型设计模式\方法[71],它通过CFD技术对设定的优化目标(船舶水动力性能)进行数值评估,同时采用最优化技术和几何重构技术对船舶构型设计空间进行探索寻优,最终获得给定约束条件下的水动力性能最优的船型。

本章主要阐述船型优化设计的本质及其涉及的关键技术。首先,从数学建模的角度分析船型优化设计的本质,其次分别介绍船型参数化表达与重构技术、船舶水动力性能预报技术、近似技术、智能优化技术等关键技术,并分析它们的主要功能。

2.1 优化问题的实质与关键技术分析

各类优化设计问题都可以通过分析进行数学建模。从数学的观点来看,船型优化设计实际上是一个工程设计最优化问题,以最小值为例,其数学模型描述如下:

$$\min f(x),\\ \text{S.T. } g(x) \geq 0,\\ x \in D \qquad (2.1)$$

式中：$f(x)$ 为优化问题的目标函数；$g(x)$ 为约束函数；x 为设计变量；集合 D 为优化问题的可行域，也称为设计空间；可行域中的点为可行点，其所对应的目标函数值为可行解。

从最优化问题的定义可以看出，最优化包括三个基本要素：目标函数、设计变量、约束条件。对于船型优化设计问题，目标函数 $f(x)$ 是船舶的水动力性能（如快速性能、操纵性能、耐波性能等），设计变量 x 是能够表达船体几何的参数，约束条件 $g(x)$ 是船体几何外形的限制条件和功能约束条件（如排水体积、静水力等）。显然，该优化问题的目标函数与设计变量之间不是显式的数学函数关系，需要通过某种媒介联系二者，在基于 SBD 技术的船型优化问题中这种媒介即为船舶水动力性能评估工具。船型优化设计问题的数学模型建立后，选择优化算法即可对该优化问题进行求解，如图 2.1 所示。由此可见，基于 SBD 技术的船型设计问题即是在给定船型几何约束条件下，求解目标性能最优时所对应的设计变量，即最优船体外形。

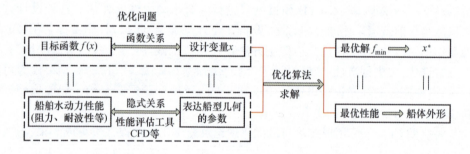

图 2.1　船型优化设计问题的实质

上述仅以单目标为例，介绍船型优化的数学模型，实际船型设计过程中，目标往往是多个，影响目标的参数也各不相同，目标的计算方式/工具也千差万别，同时还涉及诸多功能约束等问题。这些都增加了优化设计问题的复杂程度，也带来许多需要解决的问题，如多目标优化问题的求解、优化设计对象的参数化表达、性能预报工具应用技术等。由此可见，船型优化设计问题涉及最优化理论、CAD 技术、CFD 技术、流体力学等多个学科领域。它的主要关键技术包括船型参数化表达与重构技术、水动力性能预报评估技术、近似技术、最优化技术等，下面将分别进行介绍。

2.2　船型参数化表达与重构技术

船体几何重构技术是联系优化算法（设计变量）与船舶性能分析评估（目

标函数)之间的桥梁和纽带,同时也是船型优化设计过程中的关键环节。在船舶优化设计过程中,必须首先对船体几何进行参数化表达,利用尽可能少的参数实现船体几何的重构,并且要建立船体表达参数与优化过程中设计变量之间的联系。设计变量将依据优化算法做相应的调整,而设计变量的调整将体现在船体几何外形的变化上,如何利用尽可能少的设计变量来实现尽可能大的船体构型设计空间(尽可能多的不同船体几何),是船体几何重构技术追求的重要目标。

船体几何重构技术在整个优化设计流程中充当链接器,其作用是自动生成尽可能多的设计方案,直接决定船型优化问题的设计空间大小。

船体几何重构应该遵从以下一些基本原则:

(1)保证重构后的船体几何的光顺性。如果重构几何是船体的一部分,则重构后的几何与初始几何在交接处应该连续,即光顺。

(2)控制参数(设计变量)尽可能少。以尽可能较少的设计变量实现尽可能多的不同船型生成,以减小优化问题规模。

(3)为了能够探索更广范围的可行解区域,船体几何重构方法应该有尽可能好的适应性,即能够用尽可能少的设计变量,获得尽可能多的不同的船体几何外形。

2.2.1 船型表达类型

船体几何重构方法按照船体参数化形式的不同,可分为两种,一种是基于船型参数的,即将船体几何抽象为一系列表示其特征的参数,如长宽比 L/B、宽度吃水比 B/T、方形系数 C_B、棱形系数 C_P 等。它通过一系列表示船体几何特征的参数的变化来实现船体几何重构,如 Lackenby 变换方法、参数化模型方法(parametric modeling approach)等。这类方法的主要特点如下:

(1)表达方式简单,便于应用,直接反映船舶的主要特征;

(2)几何重构时设计变量少,容易继承母型船特征,且变量与性能之间联系性强;

(3)表达方式不直观、特征参数对应的船体外形不唯一;

(4)难以实现船体局部细微变化;

(5)设计空间受限。

该类方法在船舶初始设计阶段的船型设计中得到了广泛的应用。

另一种是基于几何造型技术,它主要通过一系列控制点位置的变化来实现船体曲面的变形与重构,如:Bezier Patch 方法、自由变形方法(free-form deformation approach,FFD)、基于 CAD 方法(CAD-based approach)等。这类方法的主要特点如下:

(1) 表达方式直观、精确、唯一;
(2) 利用一组参数(控制点)控制船体几何形状的变形;
(3) 能反映船体局部细微变化,且适应性好;
(4) 可直接用于数值建模;
(5) 需要对变形后的船型特征参数进行计算。

该类方法既可用于初始设计阶段的船型优化设计,也可用于详细设计阶段。

2.2.2 船体几何重构方法

1. Lackenby 变换方法

Lackenby 变换方法是基于船型参数的几何重构方法,由 Lackenby 于 1950 年在文献[72]中提出。该方法采用二次多项式作为变换函数,来变换母型船的横剖面曲线,它对于有无平行中体的船舶都能适用,并且在保证平行中体长度满足设计要求的前提下,对母型船的菱形系数和浮心纵向位置进行改造。Lackenby 变换方法设计变量少,广泛用于基于母型船的船体几何重构,该方法的缺点是构型设计空间小,仅能获得与母型船相似的船型,且难以实现船体局部的细微变化。

2. 参数化模型方法

利用参数化修正函数修改表达船体几何外形的一系列形状参数,来达到船体几何重构的目的。数学描述如下:

$$H_{\text{new}}(x,y,z) = H_{\text{old}}(x,y,z) + r(x)s(y)t(z) \tag{2.2}$$

式中:$H_{\text{new}}(x,y,z)$ 为重构后的船型几何参数;$H_{\text{old}}(x,y,z)$ 为初始船型几何参数;$r(x)$、$s(y)$、$t(z)$ 分别为 x、y、z 三个方向的多项式修正函数。

Kim[73]利用参数化修正函数对横剖面面积曲线(sectional area curve)、水线(section shape)和球艏(bulb shape)三个形状参数进行修正,实现了 KVLCC2 船体的几何重构。

参数化模型方法的设计参数可以直接作为优化问题的设计变量,对船舶整体和局部都能进行几何重构;该方法主要缺点是不够灵活,只能根据已经定义的修正函数对船体几何进行重构。

3. Bezier Patch 方法

Bezier Patch 方法是典型的基于船体几何的重构方法,它在初始船体几何(部分)上叠加一片或多片 Bezier 曲面,利用 Bezier 曲面的变形,实现船体几何重构。Bezier 曲面的位置与形状只与其特征网格节点的位置有关[74]。因此,可利用节点位置的变化获得不同的曲面形状,即可将节点位置直接作为优化问题的设计变量。该方法的优点是设计变量较少,光顺性容易满足。因此广泛应用于船体局部构型的优化设计,如 Peri、Campana 等[19,22]采用该几何重构方法对某油船、DTMB5145

的球舱进行了多目标优化设计。该方法的缺点是仅适用于局部几何的重构,并且随着设计变量的增加,约束条件成倍增加,导致曲面的生成较为困难。

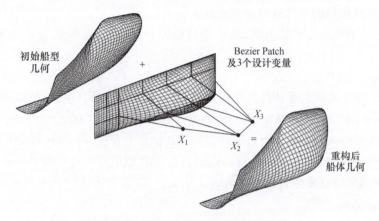

图 2.2　Bezier Patch 方法几何重构示意图

4. FFD 自由变形方法

FFD 自由变形方法由 Sederberg 和 Parry[75]在计算机图形学中提出,是一种非常灵活的三维几何变形方法,它通过一系列的点来表示三维几何。该方法能够简化为四维 Bezier 曲面,用于表达船体几何。它可以用于整船的几何重构,也可用于船体局部的几何重构。

Peri 等[31]利用 FFD 自由变形方法实现了双体船的几何重构。如图 2.3 所示:①将船体装入可变形的平行六面体几何中;②x 向重构的控制点;③y 向重构的控制点;④z 向重构的控制点。

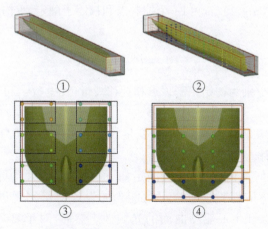

图 2.3　FFD 几何重构方法的应用

Jamshid[76]将 FFD 技术用于飞机的空气动力学优化设计。Tahara[33]采用 FFD 自由变形方法实现了船体几何重构,对多体船进行了单目标和多目标的设计优化,并对优化后的模型进行了验证和试验确认。

该方法的优点是比较灵活,复杂几何整体和局部重构,缺点是需合理选择控制点。

5. 基于 CAD 方法

基于 CAD 方法的船体几何重构包括两种形式,一种是直接执行描述船型及其变化的 CAD 宏文件,即 CAD 直接方法;另一种是基于非均匀有理的样条(non-uniform rational b-spline, NURBS)曲面模拟 CAD 操作的方法,即 CAD 效仿方法(CAD emulation approach)。与 CAD 直接方法相比,CAD 效仿方法具有如下优点:NURBS 曲面控制点可以直接作为优化问题的设计变量,能够给出初始船型和优化船型几何的 IGES 格式文件。

由双参数变量分段有理多项式定义的 NURBS 曲面[77-78]为

$$S(u,v) = \frac{\sum_{i=0}^{m}\sum_{j=0}^{n}\omega_{i,j}P_{i,j}N_{i,k}(u)N_{j,l}(v)}{\sum_{i=0}^{m}\sum_{j=0}^{n}\omega_{i,j}N_{i,k}(u)N_{j,l}(v)} \quad (2.3)$$

式中:控制顶点 $P_{i,j}$ 呈拓扑矩形阵列,形成一个控制网格;$\omega_{i,j}$ 是与控制顶点 $P_{i,j}$ 联系的权因子;$N_{i,k}(u)$ 和 $N_{j,l}(v)$ 分别为 u 向 k 次和 v 向 l 次的 B 样条基函数。它们分别由 u 向与 v 向的节点矢量 $U = [u_0, u_1, \cdots, u_{m+k+1}]$ 与 $V = [v_0, v_1, \cdots, v_{n+l+1}]$ 决定。

曲面形状由 $(n+1)(m+1)$ 个控制点和权因子确定,重构后的曲面可以由下式定义:

$$P_{i,j}^n = P_{i,j}^0 + \delta P_{i,j} \quad (2.4)$$

式中:$P_{i,j}^0$、$\delta P_{i,j}$ 分别为初始控制顶点和位移矢量,其中 $\delta P_{i,j}$ 可作为优化问题中的设计变量。

基于 CAD 方法较为复杂,且设计变量较多。常与通用 CAD 软件相结合用于船体几何优化设计。

无论哪种几何重构方法,均应满足如下条件:允许大量可能的几何外形存在(具有很好的适应性),能够以尽可能少的设计变量实现尽可能多的不同的船型生成,且要保证生成船型曲面的光顺性。然而,对于复杂的船体几何外形而言,要满足以上条件,往往比较困难。表 2.1 列出了各种方法的优缺点和适用性。

表 2.1 船型几何重构方法的优缺点与适用性

类型	船型重构方法	优点	缺点	适用性
基于船型参数	Lackenby 变换方法	设计变量少	构型设计空间小,仅能获得与母型船相似的船型	适用于船舶概念设计阶段
	参数化模型方法	可对船舶整体和局部重构	不够灵活	
基于船体几何	叠加调和法	设计变量少、易实现	构型设计空间小,很难获得尽可能多的不同船体几何	适用于船舶技术设计阶段
	Bezier Patch 方法	设计变量少、易保证光顺	船体局部优化、约束条件多	
	FFD 方法	设计变量适当、比较灵活、可实现复杂几何的局部及整体重构	需要合理地选择控制点作为设计变量	
	基于 CAD 方法	可实现复杂几何的重构	设计变量多	

2.3 船舶水动力性能预报评估技术

船舶水动力性能预报评估技术是建立船型优化问题数学模型的基础,是连接船体几何外形和优化平台的纽带。水动力性能的预报精度直接影响着优化设计结果的质量。在优化设计过程中,优化算法将依据水动力性能预报结果来调整下一步的搜索方向,因此,性能预报结果的可靠性是保证优化算法在设计空间中能否按照正确方向进行搜索的关键,直接关系到优化设计的成败。

按照对船型几何输入的要求可将船舶水动力性能预报技术分为两大类:第一类是基于船型参数的分析预报方法,它是以模型(实船)试验数据作为支撑的评估方法;第二类是基于船体几何的数值评估方法。

用于船型优化设计的水动力性能预报评估方法应遵从以下基本原则:

(1) 水动力性能预报方法应具有较好的运行稳定性,优化过程自动化;

(2) 水动力性能预报方法要有一定的精度稳定性;

(3) 水动力性能预报方法应该具有较高的"分辨率",即对几何外形的变化有很高敏感性,能够辨识船体几何外形细微变化对水动力性能的影响;

(4) 水动力性能预报方法应该尽可能快捷高效。对船舶构型设计空间的搜索寻优将会进行大量设计方案的水动力性能预报,因此,预报评估方法的快捷高效是将其用于实际工程优化设计的先决条件。

按照对船型几何输入的要求可将船舶阻力性能预报技术分为两大类:第一类是基于船型参数的分析预报方法,第二类是基于船体几何模型的数值评估方法。

1. 基于船型参数的分析预报方法

基于船型参数的分析预报方法,主要包括船模系列资料估算法、经验公式估算法和母型船数据估算法等[79]。船模系列资料估算法是在对大量系列船模试验结果进行统计回归分析的基础上,建立船舶性能与船型参数之间的关系。比如:Taylor 系列、S60 系列、SSPA 系列等,这种方法一般将总阻力分为摩擦阻力与剩余阻力两部分,摩擦阻力采用 ITTC 推荐公式计算,剩余阻力则通过系列船模资料回归公式计算。经验公式估算法是在大量非系列船模试验和实船试航结果的基础上,总结归纳给出的回归公式。母型船数据估算法是通过母型船与设计船的某些线型的主要特征,计算出修正系数,来确定设计船的阻力等性能,这种方法所得结果的准确性与母型船与设计船之间的相似程度有关。这类方法基于模型试验数据统计结果,简单、快捷、稳定,对于相似的船型有很高的可靠性,但适用性不强,船体构型设计空间受到很大的限制(设计船与母船或系列船型较为相似),分辨率也不高。因此,这类阻力性能评估方法主要适用于船舶方案设计阶段的船舶构型优化设计。

2. 基于船体几何模型的数值预报方法

基于船体几何模型的数值预报方法,直接以船体几何数学模型作为分析对象,通过数值方法对船舶的水动力性能进行预报分析。按照流体介质的特性可将船舶阻力性能数值预报方法分为势流方法和黏流方法。

势流方法主要基于势流理论。假设介质为不可压缩、无黏性的理想流体,流动无旋,所以存在一个速度势,流场中由船体运动引起的扰动速度可以用该速度势的梯度表示。这样通过求解势流问题,得到速度势,就可以求得船体表面的速度分布,并由伯努利方程求得船体表面的压力分布。最后,通过压力积分就可以求得作用在船体上的水动力。势流方法主要用于计算兴波阻力,常用的方法有 Michell 积分方法、格林公式方法和面元法等[80]。这类方法的特点是计算量小,计算过程短,计算结果对船体表面网格数量和网格形状非常敏感,具有一定的精度。由于其快捷、高效,因此常用于以减小船舶兴波阻力为目标的中高速船方案设计阶段的构型优化设计中。文献[54]采用面元法对兴波阻力进行计算时指出,由于船体表面的复杂性,尤其是首尾变化较大的地方,计算网格对数值计算结果非常敏感,数值误差波动较大。我们采用 SHIPFLOW 软件(面元法)作为兴波阻力的预报工具对 KCS 船模球艏进行优化设计时也发现:船体表面网格形状和网格疏密对计算结果影响很大[81]。优化设计过程中,不同方案船体几何外形发生了变化,其表面网格的形状和疏密程度必然会有所不同,因此,优化设计过程中采用势流方法对兴波阻力进行评估可能会产生较大的"数值噪声"。

上述基于势流理论的性能(兴波阻力)预报方法没有考虑黏性的影响,以致计算结果仍有局限,如不能正确预报船艉的波系和低速时方尾后的旋涡区域等。黏流方法是通过数值求解 N-S 方程来预报船舶的阻力性能,能够同时获得黏性阻力和兴波阻力。主要包括:直接数值模拟(direct numerical simulation,DNS)方法、大涡模拟(large eddy simulation,LES)方法和雷诺平均数值模拟(Reynolds average Navier-Stockes,RANS)方法。

DNS方法是直接求解湍流运动的N-S方程,可以获得整个流场的全部信息,受计算机条件的限制,目前不具备工程实用性;LES方法是一种折中的方法,即对湍流脉动部分直接模拟,将N-S方程在一个小空间域内进行平均(滤波),以从流场中去掉小尺度涡,导出大涡所满足的方程,小涡对大涡的影响会出现在大涡方程中,再通过建立模型(亚格子尺度模型)来模拟小涡的影响。该方法同样受到计算机条件等的限制,目前还不具备工程实用性。

RANS方法是目前工程实际中应用最广泛的数值模拟方法。其基本原理:将湍流场中的瞬时量分成平均值和脉动值,通过对N-S方程做平均运算,在所得的雷诺平均方程中会出现脉动值的相关项——雷诺应力项,它包含了湍流的所有信息,且使方程组不封闭。依据湍流的理论知识、实验数据或直接数值模拟结果,对雷诺应力做出各种假设,即假设各种经验的或半经验的本构关系,从而使湍流的雷诺平均方程封闭。不同的雷诺应力建模方法得到了不同的湍流模型,构成了湍流模式理论。RANS方法的网格尺度允许较大,湍流模型经济且有实效,对计算机能力的要求远远低于LES方法和DNS方法,且计算精度高,因此已广泛用于给定船型的水动力性能预报评估。

综上所述,基于船型参数的阻力预报方法针对特定的船型具有较高的精度,快捷高效,适用于方案设计阶段的船型优化设计;但是,由于该方法是建立在大量模型试验(实船试验)数据的基础上,因此有很大的局限性。基于势流理论的阻力数值预报方法,快捷高效,但预报精度和"分辨率"相对较差,由于仅对兴波阻力的进行预报,因此主要适用于中高速船舶水动力构型优化设计。基于黏流理论阻力数值预报方法的,预报精度和"分辨率"高,能够体现船体几何细节的变化,适用范围广,可用于详细设计阶段的船型优化设计。

2.4 智能优化技术

最优化技术是区别于经验设计、体现知识化船型设计的重要特征,是求解船型优化设计问题的科学方法和必要手段。采用何种优化算法使其能够在优化问题的设计空间内准确、快速地搜索到全局最优解,是船型优化设计研究的重点之一。

第二次世界大战前后,最优化方法在军事领域对导弹、雷达控制的研究中逐渐发展起来,它对促进运筹学、管理科学、控制论和系统工程设计等新兴学科的发展起到了重要的作用。

最优化是一门应用十分广泛的学科,它研究在有限种或无限种可行方案中快速搜寻优化方案,构造寻求最优解的计算方法。最优设计是在飞机、造船、机械、建筑设计等工程技术界的最优化方法,并与计算机辅助设计相结合,进行优化设计问题的求解。最优化方法可分为两种类型:基于梯度方法和随机搜索方法,如图2.4所示。

基于梯度的方法主要包括变梯度法、序列线性规划、序列二次规划、最速下降法等,这些传统的优化算法,计算效率较高,但是对工程设计问题的数学模型依赖很大,初始设计点的选取至关重要,直接影响到优化过程的收敛。传统优化算法往往是从解空间中的一个初始点开始最优化的迭代搜索过程,单个搜索点所提供的搜索信息毕竟有限,搜索效率也不高,有时甚至使搜索过程陷入局部最优解而停滞不前,很难达到全局最优解。

相比之下,随机搜索算法更加具有吸引力,如遗传算法、进化算法等,该类算法降低了优化算法对于系统模型的要求,扩大了优化算法的适用范围,仅使用由目标函数值变换而来的适应度函数值,就可以确定进一步的搜索方向和搜索范围。如果目标函数是无法或很难求导的函数,或者是导数不存在的函数,直接利用目标函数值或个体适应值,也可以把搜索范围集中到适应值较高的搜索空间中,从而提高了优化效率。该类算法一般从由很多个体所组成的一个初始群体开始最优解的搜索过程,对群体进行进化算子操作,产生出新一代群体。在运算过程中包含了很多群体信息,这些信息可以提高搜索效率。

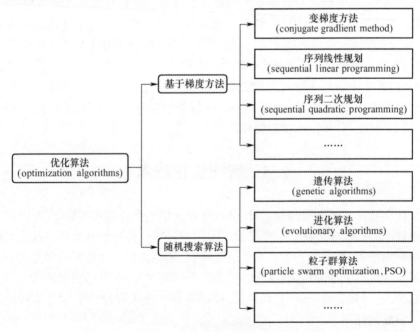

图2.4 优化算法分类

随机搜索算法提供了一种求解复杂系统优化问题的通用框架,它不依赖于设计问题的具体领域,对问题的种类有很强的鲁棒性,能够获得全局最优解。所以广泛应用于函数优化、组合优化、自动控制以及人工智能等多个学科领域。当前应用较多且比较经典的随机搜索算法主要有模拟退火算法(simulated annealing,SA)、非支配排序遗传算法(non-dominated sorting genetic algorithm,NSGA)、粒子群优化算法(particle swarm optimization,PSO)等。

模拟退火算法由 Metropolis 等人在 1953 年提出,其基本思想是把某类优化问题的求解过程与统计热力学中的热平衡问题进行对比,试图通过模拟高温物体退火过程来找到优化问题的全局最优解或近似最优解[82]。模拟退火算法在搜索策略上引入了适当的随机因素和物理系统退火过程的自然机理,使得在迭代过程中出现可以接受使目标函数值变"好"的试探点,也可以按一定的概率接受使目标函数变"差"的试探点。接受概率随着温度的下降逐渐减小,这样避免了搜索过程陷入局部最优解,有利于提高求得全局最优解的可靠性。因此,该算法获得全局最优解的概率大,且算法简单,便于实现。但也存在一些不足,有许多参数需要人为调整,如起始温度、温度下降方案、迭代步长、终止准则等。

非支配排序遗传算法基于帕累托最优解(Pareto optimality)条件构造,具有获得整个 Pareto 解集的能力,由 Srinivas 和 Deb[83]于 1995 年提出,与一般遗传算法的主要区别在于该算法在选择算子执行之前,根据个体之间的支配关系进行了分层,其选择算子、交叉算子和变异算子与一般遗传算法没有区别。

NSGA 算法采用非支配分层方法,可以使好的个体有更大的机会遗传到下一代;适应值共享策略则使得准 Pareto 面上的个体均匀分布,保持了群体多样性,克服了超级个体的过度繁殖,防止了早熟收敛。但该算法也存在一些问题。如计算复杂度较高、没有精英策略、需要指定共享半径等。2000 年,Deb 等又提出了 NSGA 的改进算法[84-85]——带精英策略的非支配排序遗传算法(NSGA Ⅱ)。NSGAⅡ算法针对 NSGA 的缺陷,对以下三个方面进行了改进:

(1) 提出了快速非支配排序法,降低了算法的计算复杂度;

(2) 提出了拥挤度和拥挤度比较算子,代替了需要指定共享半径的适应值共享策略,并在快速排序后的同级比较中作为胜出标准,使准 Pareto 域中的个体能扩展到整个 Pareto 域,并均匀分布,保持了种群的多样性;

(3) 引入精英策略,扩大采样空间。将父代种群与其产生的子代种群组合,共同竞争产生下一代种群,有利于保持父代中的优良个体进入下一代,并通过对种群中所有个体的分层存放,使得最佳个体不会丢失,提高种群水平。

粒子群优化算法[86-87]是 Eberhart 和 Kennedy 于 1995 年在对鸟群捕食行为模拟的基础上提出的一种群集智能算法。它与其他进化类算法相类似,也采用"群体"与"进化"的概念,同样也是依据个体(粒子)的适应值大小进行操作。所不同的是，粒子群算法不像其他进化算法那样对于个体使用进化算子，而是将每个个体看作是在 n 维搜索空间中的一个没有重量和体积的粒子，以一定的速度飞行，并向自身历史最佳位置和群体历史最佳位置聚集，实现对候选解的进化。

群智能(swarm intelligence)：模拟系统利用局部信息从而可以产生不可预测的群行为。

我们经常能够看到成群的鸟、鱼或者蚂蚁等生物。这些生物的聚集行为有利于它们觅食和逃避捕食者。它们的群落动辄以十、百、千甚至万计，并且经常不存在一个统一的指挥者。它们是如何完成聚集、移动、觅食等这些功能呢？1994年，Millonas 在开发人工生命算法时，提出群体智能概念，并提出五点原则：

(1) 接近性原则：群体应能够实现简单的时空计算；
(2) 优质性原则：群体能够响应环境要素；
(3) 变化相应原则：群体不应把自己的活动限制在一个狭小范围；
(4) 稳定性原则：群体不应每次随环境改变自己的模式；
(5) 适应性原则：群体的模式应在计算代价值得的时候改变。

Reynolds 在对鸟群、鱼群的群体行为进行模拟时，采用了下列三条简单规则：
(1) 飞离最近的个体，以避免碰撞；
(2) 飞向目标；
(3) 飞向群体的中心。

群体内每一个体的行为可采用上述规则进行描述，这是粒子群算法的基本概念之一。

Boyd 和 Richerson 在研究人类的决策过程时，提出了个体学习和文化传递的概念。根据他们的研究结果，人们在决策过程中使用两类重要的信息：一是自身的经验，二是其他人的经验。也就是说，人们根据自身的经验和他人的经验进行自己的决策。这是粒子群算法的另一基本概念。

Heppner 建立了鸟类模型。在反映群体行为方面与其他类模型有许多相同之处，而不同之处在于：鸟类被吸引飞向栖息地。

在仿真中，一开始每一只鸟均无特定目标进行飞行，直到有一只鸟飞到栖息地，当设置期望栖息比期望留在鸟群中具有较大的适应值时，每一只鸟都将离开群体而飞向栖息地，随后就自然地形成了鸟群。

鸟类寻找栖息地与对一个特定问题寻找最优解很类似，已经找到栖息地的鸟引导它周围的鸟飞向栖息地的方式，增加了整个鸟群都找到栖息地的可能性，也符合信念的社会认知观点。

信念具有社会性的实质在于个体向它周围的成功者学习。个体与周围的其他同类比较，并模仿其优秀者的行为。将这种思想用算法实现将导致一种新的最优化算法诞生。

1995 年美国社会心理学家 Kennedy 博士和电气工程师 Eberhart 博士共同提出了粒子群优化算法,其基本思想是受他们早期对许多鸟类的群体行为进行建模与仿真研究结果的启发,并利用了生物学家 Heppner 的模型。

Eberhart 和 Kennedy 对 Heppner 的模型进行了修正,以使粒子能够飞向解空间并在最好解处降落。主要问题在于如何保证微粒降落在最好解处而不降落在其他解处(这就是信念的社会性及智能性所在)。

一方面,需要在探索(寻找一个好解)和开发(利用一个好解)之间寻找一个好的平衡。太小的探索导致算法收敛于早期所遇到的好解处,而太小的开发会使算法不收敛,即智能性。

另一方面,需要在个性与社会性之间寻求平衡,也就是说,既希望个体具有个性化,像鸟类模型中的鸟不互相碰撞,又希望其知道其他个体已经找到的好解并向它们学习,即社会性。Eberhart 和 Kennedy 较好地解决了上述问题,提出了粒子群优化算法。

综上所述,传统的优化方法虽然计算效率较高,但在实际工程优化问题的求解中很难获得全局最优解,且在处理多目标优化问题上存在困难;而随机搜索算法则不依赖于设计问题的具体领域,对问题的种类有很强的鲁棒性,且能够获得全局最优解,也易于处理多目标优化问题。其中粒子群全局优化算法同其他的随机搜索算法相比,具有许多优点,如算法简单易于实现、不需要进行大量的参数调节,对非线性、多峰问题具有较强的全局搜索能力等,因此在科学研究与工程实践中该算法得到了广泛应用,在船型优化设计领域也得到了较多的应用[23,26,88]。

第三章　全局流场优化驱动的船型设计方法

随着计算机技术的发展,算力资源已逐步能够满足船舶性能高精度分析的需求,这给高精度 CFD 求解器在船舶工程设计分析以及优化设计中的应用奠定了基础。基于 RANS 方程的船舶水动力性能预报技术已经较成熟,能够对大多数船舶的水动力特性、绕流场进行很好的数值模拟,已广泛应用于船舶水动力性能分析与研究。将其用于船型优化设计并直接融入设计流程已成为现实。基于 RANS 方程的高精度求解器能够预报船舶的阻力、流场、运动响应、波浪增阻等水动力性能,这些性能均可以作为优化设计的目标,因此,高精度求解器的应用将大幅拓展船型优化设计问题的范围。

全局流场优化驱动的船型设计方法是以基于 RANS 方程的 CFD 求解器作为船舶性能的评估工具,结合基于几何造型技术的船型变形方法和智能优化算法,形成的船舶水动力构型优化设计模式。本章节详细介绍全局流场优化驱动的船型设计方法。首先对设计方法的内涵进行了描述,给出了该方法的适用范围,可以解决的优化设计问题等,之后,对 FFD 几何变形与重构、CFD 数值方法与网格自适应技术、智能优化算法三个关键要素进行了系统的阐述,最后对优化设计平台的主要功能进行了介绍。

3.1　设计方法内涵

全局流场优化驱动的船型设计方法,融合船体几何重构、船舶 CFD、智能优化三大核心技术,形成以数学建模、数值评估、数理寻优为特征的船型优化设计模式。该模式以船舶高精度 CFD 性能预报技术为依托,以高速计算能力为基础,结合船体几何重构与变形技术,并将其融入基于现代优化分析理论的设计流程,建立一种性能最优驱动的船舶水动力构型设计方法。它以船舶概念设计阶段的初步方案为对象,以一项或多项水动力性能最优作为设计目标,在给定的约束条件和构型设计空间内,通过高精度 CFD 数值预报技术和智能优化技术实现船舶水动力构型的优化求解(逆问题求解),最终获得给定条件下的水动力性能最佳的船型方案,如图 3.1 所示。

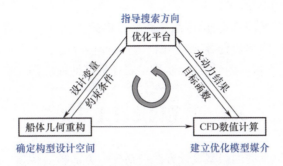

图 3.1　全局流场优化驱动的船型设计方案

1) 设计方法特点

与基于经验的改型设计(给定若干个对象,采用模型试验或数值计算对其进行性能分析,选择性能较优的对象,这个过程是计算问题,属于正问题)有本质的不同,全局流场优化驱动的设计,其过程是目标驱动设计,属于逆问题,设计依据是最优化理论,设计手段是先进 CFD 技术,设计质量是满足约束条件的最优设计。实质是"科学化"全船的水动力分布(最佳流场分布),如图 3.2 所示。

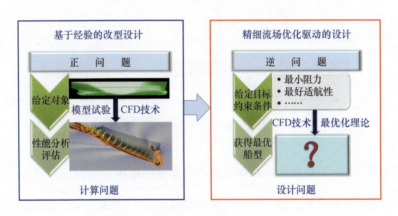

图 3.2　两种设计方法的比较

2) 设计方法主要应用场景

在船舶概念设计(技术设计)阶段,设计方法一方面可用于求解以船舶某项性能最优为目标的单目标设计,目前应用最为广泛的设计方法是以船舶设计航速阻力性能最优为目标的船型设计;另一方面可用于求解以船舶多项水动力性能最优为目标驱动的多目标设计,设计目标可以是最小阻力和最佳尾伴流场、多个航速下的最小阻力、不同吃水时的最小阻力、波浪环境下船舶最小阻力及运动响应等。

3）设计方法主要应用对象

可用于低速船舶线型设计、中高速船舶线型设计、船舶局部（球艏、船尾）线型设计、螺旋桨设计、附体设计等，随着CFD数值评估应用技术与综合建模技术的发展，新方法也可用于多体船、高速船艇、SWATH等高性能船舶线型设计。

3.2 船型优化设计三要素

全局流场优化驱动的船型设计方法包括三个方面核心要素：基于FFD的复杂船体几何局部与整体重构技术、基于RANS方程的船舶水动力性能预报技术及数值计算网格自适应方法、粒子群智能优化算法，如图3.3所示。下面分别对其进行介绍。

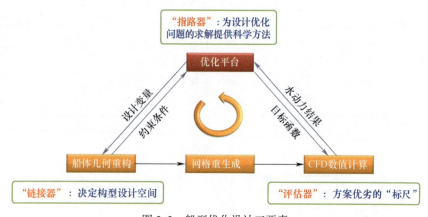

图3.3 船型优化设计三要素

3.2.1 基于FFD的复杂船体几何局部与整体重构技术

船体几何重构技术在整个优化设计流程中充当链接器：其作用是自动生成尽可能多的设计方案，直接决定船型优化问题的设计空间大小，如图3.4所示。

采用几何造型技术，用三维曲面或三向投影的二维曲线来表达船体几何外形。这种表达方式直观、精确、唯一，可直接用于实际工程设计；几何重构通过采用一组参数（控制点）控制船体几何形状的变形（整船或局部）来实现，该类重构方法能够反映船体几何局部的细微变化，具有很好的适应性，既可用于初始设计阶段的船型优化设计，又可用于详细设计阶段。此外，重构后的船体几何可直接用于高精度评估器的数值建模。

1. FFD方法的基本原理

自由变形技术是几何变形方法的典型代表，它最早由Sederberg和Parry在

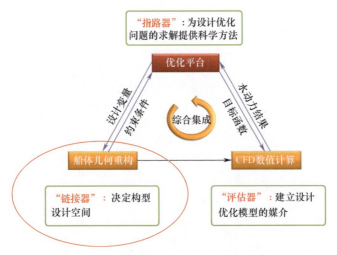

图 3.4　链接器——船体几何重构技术

1986 年提出,并在最近 20 年得到了突飞猛进的发展,现已广泛应用于几何造型、计算机动画、图像视频处理、科学数据可视化等领域。从数学上看,该技术的基本思想是建立一个从待变形物体空间到目标物体空间的三维映射,定义域是待变形物体的点集,值域是变形后物体的点集,其核心部分是如何构造映射。

FFD 技术的基本原理:首先,根据变形区域确定一个被称为格子(Lattice)的长方体,并进行局部坐标变换将待变形物体线性地嵌入到格子中;其次,在格子上定义控制顶点网格,使格子变为三维张量积 Bezier 体;最后,通过调整格子的控制顶点,让格子发生形变,并将形变传递给待变形物体。FFD 主要优点在于:可用于整体变形,也可用于局部变形,用于局部变形时能够保持任意阶的跨界导矢连续;能够控制变形前后体积的变化程度;可融入任何实体造型系统;可对任何表示形式的曲面或多边形变形;可用于美学曲面和光顺曲面,也可用于大多数功能曲面。

2. FFD 方法的数学模型

Sederberg 和 Parry 使用三变量张量积 Bernstein 多项式和控制框架来构造映射,其数学模型[89]如下:

1) 构造局部坐标系

在一个包围待变形物体的长方体中构造局部坐标系 $O' - STU$,如图 3.5 所示。

O' 为局部坐标系的原点,S、T 和 U 是轴矢量,迪卡儿坐标系 $O - XYZ$ 中任一点 X 在局部坐标系中具有坐标 (s,t,u),则

$$X = X_0 + s\boldsymbol{S} + t\boldsymbol{T} + u\boldsymbol{U} \tag{3.1}$$

式中 X_0 为局部坐标系的原点,而 s、t、u 分别为

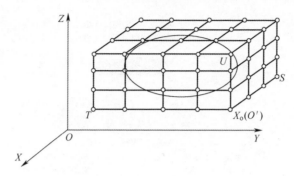

图 3.5　FFD 几何重构坐标系

$$s = \frac{\boldsymbol{T} \times \boldsymbol{U}(X - X_0)}{\boldsymbol{T} \times \boldsymbol{U} \cdot \boldsymbol{S}}, t = \frac{\boldsymbol{S} \times \boldsymbol{U}(X - X_0)}{\boldsymbol{S} \times \boldsymbol{U} \cdot \boldsymbol{T}}, u = \frac{\boldsymbol{S} \times \boldsymbol{T}(X - X_0)}{\boldsymbol{S} \times \boldsymbol{T} \cdot \boldsymbol{U}} \qquad (3.2)$$

显然,对控制框架内的任意点 X,局部坐标满足:$0 \leqslant s,t,u \leqslant 1$。

2) 构造控制顶点

在长方体上构造控制顶点网格 $Q_{i,j,k}$,分别沿 $\boldsymbol{S}$、$\boldsymbol{T}$ 和 $\boldsymbol{U}$ 三个方向用平行于 $O'\boldsymbol{TU}$、$O'\boldsymbol{SU}$ 和 $O'\boldsymbol{ST}$ 坐标面的等距离截面将 $O'\boldsymbol{S}$、$O'\boldsymbol{T}$ 和 $O'\boldsymbol{U}$ 等分为 l、m 和 n 个区间,则 $Q_{i,j,k}$ 可表示为

$$Q_{i,j,k} = O' + \frac{i}{l}\boldsymbol{S} + \frac{j}{m}\boldsymbol{T} + \frac{k}{n}\boldsymbol{U} \qquad (3.3)$$

其中:$i = 0,1,\cdots,l; j = 0,1,\cdots,m; k = 0,1,\cdots,n$。

框架内任意一点的笛卡儿坐标 X 可以表示为

$$X(s,t,u) = \sum_{i=0}^{l}\sum_{j=0}^{m}\sum_{k=0}^{n} B_{i,l}(s) B_{j,m}(t) B_{k,n}(u) Q_{i,j,k} \qquad (3.4)$$

式中:$B_{i,l}(s)$、$B_{j,m}(t)$ 和 $B_{k,n}(u)$ 分别为 l、m 和 n 次 Bernstein 多项式基函数。

由式(3.4)可知,变形几何上的点是 $l \times m \times n$ 个控制顶点的线性函数,可以将方程(3.4)改写为 $X = \boldsymbol{BQ}$,式中 $\boldsymbol{B}$ 为一个单行矩阵,其元素为 Bernstein 基函数,每个元素对应一个控制顶点。$\boldsymbol{Q}$ 是 $l \times m \times n \times 3$ 矩阵,其每行为 1 个控制顶点坐标的 3 个坐标分量。

3) 变形后点的表示

建立了物体与框架的相互关系之后,可以通过改变 $Q_{i,j,k}$ 的位置得到新的控制顶点 $Q'_{i,j,k}$ 和变形后的控制框架。若原来控制框架内任一点 X 所对应的局部坐标是 (s,t,u),则该点在框架变形后所对应的迪卡儿坐标 X_{ffd} 可由下式来确定。

$$X_{ffd} = \sum_{i=0}^{l}\sum_{j=0}^{m}\sum_{k=0}^{n} B_{i,l}(s) B_{j,m}(t) B_{k,n}(u) Q'_{i,j,k} \qquad (3.5)$$

式(3.5)表明,由新的控制顶点计算变形后的物体时,应首先确定原来控制顶

点框架内任一点 X 所对应的局部坐标 (s,t,u)。一般来说,此过程应根据原控制顶点和式(3.4)来解非线性方程组。在用 Bernstein 多项式来表示变形映射时,若原控制顶点满足式(3.3),则局部坐标可由式(3.2)确定。为了讨论非线性方程组的求解过程,假定所用 Bernstein 基函数是矢值的三变量多项式,即 $l=m=n=3$。

式(3.4)可以写成向量的形式:

$$\boldsymbol{x} = \begin{bmatrix} s \\ t \\ u \end{bmatrix}, \boldsymbol{F}(x) = \begin{bmatrix} f_1(x) \\ f_2(x) \\ f_3(x) \end{bmatrix}, \boldsymbol{X} = \begin{bmatrix} x \\ y \\ z \end{bmatrix} \quad (3.6)$$

其中 $f_1(x) = \sum_{i=0}^{3}\sum_{j=0}^{3}\sum_{k=0}^{3} B_{i,3}(s)B_{j,3}(t)B_{k,3}(u)Q_{i,j,k}^{x} - x$,即控制框架顶点的 x 方向坐标关于 $B_{i,3}(s)$,$B_{j,3}(t)$ 和 $B_{k,3}(u)$ 的64项线性组合;

$f_2(x) = \sum_{i=0}^{3}\sum_{j=0}^{3}\sum_{k=0}^{3} B_{i,3}(s)B_{j,3}(t)B_{k,3}(u)Q_{i,j,k}^{y} - y$,即控制框架顶点的 y 方向坐标关于 $B_{i,3}(s)$,$B_{j,3}(t)$ 和 $B_{k,3}(u)$ 的64项线性组合;

$f_3(x) = \sum_{i=0}^{3}\sum_{j=0}^{3}\sum_{k=0}^{3} B_{i,3}(s)B_{j,3}(t)B_{k,3}(u)Q_{i,j,k}^{z} - z$,即控制框架顶点的 z 方向坐标关于 $B_{i,3}(s)$,$B_{j,3}(t)$ 和 $B_{k,3}(u)$ 的64项线性组合;

$Q_{i,j,k}^{x}$,$Q_{i,j,k}^{y}$ 和 $Q_{i,j,k}^{z}$ 分别为表示控制框架顶点的 x、y、z 三个方向的坐标值。则原来求解待变形几何上任意点局部坐标的非线性方程组(3.4)可写成 $F(x)=0$ 的形式。

4) 线性方程组的求解

可采用牛顿法或牛顿变形算法等对上述方程组进行求解,即可获得变形后的物体的外形。

3. FFD 船体几何重构方法及其重构实例

将 FFD 几何变形技术引入船舶外形优化设计领域,用于复杂船体几何外形的变形与重构。具体流程如下:

(1) 初始船体几何按照如下方法进行"网格化":将整个船体表面沿纵向划分 m 个点,沿垂向划分 n 个点,则船体表面划分为 $m \times n$ 个网格(m 和 n 的大小选取应遵循能够精确地表征船体几何曲面的原则,在船体几何外形变化剧烈的区域应该加密);

(2) 将船体几何表面的"网格点"三向归一化,即网格点的坐标由 (x,y,z) 变为 $(x/L,y/B,z/H)$;

(3) 将网格点装入正方体中;

(4) 建立网格点与正方体控制顶点之间的映射关系;

(5) 根据船体几何重构区域形状特点,选择设置若干个设计变量,每个设计变量由正方体的若干个控制顶点组成;

(6) 改变设计变量,通过映射关系计算获得船体网格点的坐标;

(7) 将网格点坐标导入 CFD 数值建模软件中,采用 NURBS 方法将船体网格点拟合成新的船体曲面;

(8) 重复(6)~(7),即可实现船体几何重构。

当整个船体都位于框架内时,移动控制顶点可实现船舶整体几何重构;当船体的一部分位于框架内时,移动控制顶点可实现船体局部几何重构。

采用 Python 语言编程实现基于 FFD 方法的船体几何重构,并建立船体几何自动重构模块(FFDREFORM. EXE)。该模块的输入是初始船体型值和设计变量,输出是重构后的船体型值,该型值可直接用于船舶水动力性能数值计算的建模。下面分别给出球体表面和系列 60 船体几何重构实例。

三维封闭曲面——球体表面的几何重构如图 3.6 所示,球体表面重构共有 64 个控制顶点,(a)为原型,(b)为其中 4 个控制点位置同时下移后的几何,(c)为其中 4 个控制点同时上移后的几何。

系列 60 船体几何重构如图 3.7 所示,(a)为原型,(b)为重构后的船体几何,共有 32 个控制顶点的位置同时沿纵向移动,从图中可看出重构后的船体几何艏部变得丰满,平行中体前移。

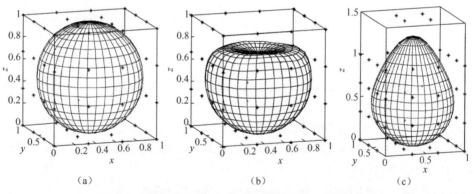

(a)   (b)   (c)

图 3.6 球体表面 FFD 几何重构实例(共 64 个控制点)

4. 船体几何整体与局部重构方法

FFD 几何重构方法不仅可以实现船体几何整体自由变形,而且可以实现船体几何局部的自由变形,同时还可以实现船体整体几何与局部几何的自由变形。船体几何整体与局部变形重构流程如下:

(1) 初始船体几何(整体)按照如下方法进行"网格化":将整个船体表面沿纵向划分 m 个点,沿垂向划分 n 个点,则船体表面划分为 $m \times n$ 个网格(m 和 n 的大

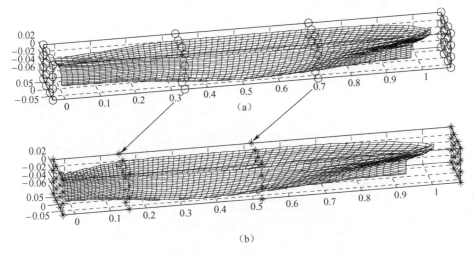

图 3.7 系列 60 船体几何重构实例(共 64 个控制点)

小选取应遵循能够精确地表征船体几何曲面的原则,在船体几何外形变化剧烈的区域应该加密);

(2) 将船体几何表面的"网格点"归一化,即网格点的坐标由(x,y,z)变为$(x/L,y/L,z/L)$;

(3) 将网格点装入长方体(控制点)中;

(4) 建立网格点与长方体控制顶点之间的映射关系;

(5) 根据船体几何重构区域形状特点,选择设置若干个设计变量,每个设计变量由长方体的若干个控制顶点组成;

(6) 改变设计变量,通过映射关系计算获得重构后船体网格点的坐标;

(7) 之后将需要进行变形的船体局部区域(比如球艏)的网格点进行归一化,然后装入另外一个长方体中;

(8) 建立局部区域网格点与长方体控制顶点之间的映射关系;

(9) 根据局部几何区域形状特点,选择设置若干个设计变量,每个设计变量由长方体的若干个控制顶点组成;

(10) 改变设计变量,通过映射关系计算获得局部区域重构后网格点的坐标;

(11) 将网格点坐标导入 CFD 数值建模软件中,采用 NURBS 方法将船体网格点拟合成新的船体曲面;

(12) 重复(6)~(10),即可实现船体几何变形与重构。

以一艘集装箱船为例,采用整体与局部相结合的重构方法实现其几何外形的自动变形重构:主体与船首(球艏)如图 3.8 所示。具体如下:首先将离散后的船体装入长方体(控制点)中,如图 3.8(a)所示,通过控制点对船体进行整体变形

(重构);其次,将船首几何装入另外一个长方体(控制点)中,如图 3.8(b)所示,通过新的长方体控制点对船体局部(球艏)进行变形(重构);最终获得的船体几何如图 3.8(c)所示。如此通过两个长方体的控制顶点(分别控制船体整体形状和局部形状的变形)即可实现船体整体与局部的自动变形与重构。

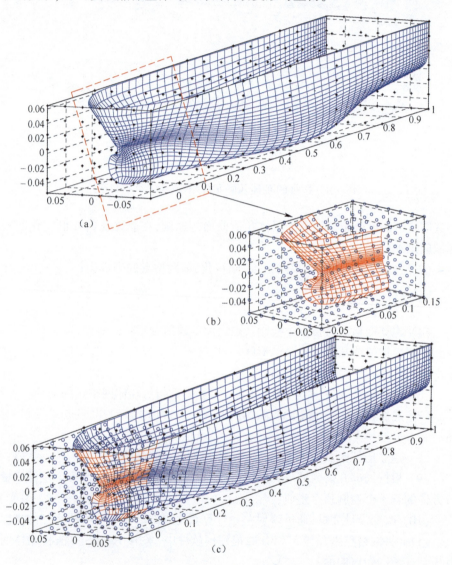

图 3.8 船体整体与局部相结合自动重构示意图

将几何造型技术引入船舶设计领域,建立了基于 FFD 自由变形方法的船体几何重构(变形)方法,该方法区别于传统基于船型参数(长宽比、方形系数、水线面系数等)的船型变换方法,直接对船体几何外形进行变形,且具有良好适应性,可灵活实现船体局部和整体的复杂变形。

3.2.2 基于RANS方程的船舶水动力性能预报技术

CFD技术是船舶水动力学领域内公认的近二十年来最具震撼力进步的应用技术之一。CFD技术的发展,为船舶水动力性能评估预报提供了一种准确可靠的工具。CFD数值预报技术在整个优化设计流程中充当评估器,其作用是作为一把标尺来测量不同设计方案的性能优劣。如图3.9所示。

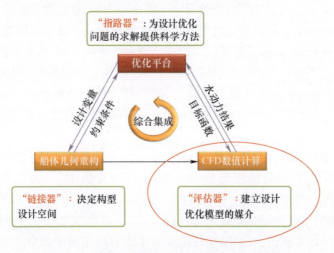

图3.9 评估器——船舶水动力CFD数值预报技术

依据船型优化设计中的性能数值评估方法遵从的高效、快速、稳定的原则,本书在水面船舶水动力性能预报方法上,采用自主研发的基于RANS方程的高精度求解器,该求解器可以计算船舶的阻力、波浪增阻、运动响应、流场、操纵性能等各类水动力性能,以此作为评估器,可以用于解决各类水动力性能的优化设计问题。本节首先对基于RANS方程的船舶水动力性能预报方法进行详细地描述,并给出了典型船舶水动力性能预报结果的验证。

1. 计算模型
1) 控制方程

不可压缩流体连续方程与RANS方程:

$$\frac{\partial \rho}{\partial t} + \frac{\partial}{\partial x_i}(\rho u_i) = 0 \tag{3.7}$$

$$\frac{\partial u_i}{\partial t} + u_j \frac{\partial u_i}{\partial x_j} = -\frac{1}{\rho}\frac{\partial p}{\partial x_i} + \frac{\partial}{\partial x_j}\left(\nu \frac{\partial u_i}{\partial x_j} - \overline{u_i' u_j'}\right) \tag{3.8}$$

式中：$u_i(i=1,2,3)$ 为三个坐标轴方向上的速度分量；$x_i(i=1,2,3)$ 为三个坐标轴方向上的坐标分量；p 为压力；ρ 为流体密度；v 为流体的运动黏性系数；t 为时间。其中，u_i,u_j,p 为时均量，$\dfrac{\partial}{\partial x_j}(-\overline{u_i'u_j'})$ 为雷诺应力项。通过引入湍流模型封闭该方程。

2）湍流模型

RANS 方法是目前工程实际中应用最广泛的数值模拟方法，其基本原理：将湍流场中的瞬时量分成平均值和脉动值，通过对 N-S 方程做平均运算，在所得的雷诺平均方程中会出现脉动值的相关项——雷诺应力项，它包含了湍流的所有信息，且使方程组不封闭。依据湍流的理论知识、实验数据或直接数值模拟结果，对雷诺应力做出各种假设，即假设各种经验的或半经验的本构关系，从而使湍流的平均雷诺方程封闭。不同的雷诺应力建模方法得到了不同的湍流模型，构成了湍流模式理论。RANS 方法的网格尺度允许较大，因此对计算机的要求较低。湍流模型经济且有实效，对计算机能力的要求远远低于大涡模拟和直接数值模拟，且计算精度高。

为了使 RANS 方程封闭可解，要根据湍流的运动规律来寻求附加的条件和关系式，这就形成了不同的湍流模型。常用的湍流模型：一方程模型 Spalart-Allmaras(S-A)、两方程模型 $k-\omega$（包括 S $k-\omega$ 和 SST $k-\omega$）。对于船舶扰流问题，S-A 模型对水动力的预报结果相对较差，S $k-\omega$ 和 SST $k-\omega$ 两种模型的预报结果都比较接近实验值，在船舶黏性绕流的水动力和流场计算中得到了广泛的验证。湍流模型选用 SST $k-\omega$ 模型。SST $k-\omega$ 湍流模型方程如下：

$$\frac{\partial}{\partial t}(\rho k)+\frac{\partial}{\partial x_i}(\rho k u_i)=\frac{\partial}{\partial x_j}\left(\Gamma_k\frac{\partial k}{\partial x_j}\right)+G_k-Y_k \qquad (3.9)$$

特殊耗散率 ω 方程：

$$\frac{\partial}{\partial t}(\rho\omega)+\frac{\partial}{\partial x_i}(\rho\omega u_i)=\frac{\partial}{\partial x_j}\left(\Gamma_\omega\frac{\partial\omega}{\partial x_j}\right)+G_\omega-Y_\omega \qquad (3.10)$$

式中：Γ_k、Γ_ω 为 k 和 ω 的扩散系数；G_k、G_ω 为湍流产生项；Y_k、Y_ω 为湍流耗散项。

3）自由液面处理方法——水平集(Level-Set)法

采用单相 Level-Set 方法捕捉自由液面位置，该方法对船体流动的求解仅在距离函数 $\varphi\leqslant 0$ 的计算域进行，空气相则通过速度扩展(velocity extension)的方法来计算流场速度。因为只考虑单相流场，并且只需要在界面边界处稍加处理，因此成功避免上述两相流界面的过渡问题。此外，由于在气体中，只需要布置少许网格来满足计算条件，因此相比两相方法，计算资源的消耗大幅减少，计算稳定性增加。单相 Level-Set 方法中最关键的两个步骤是自由面捕捉和距离函数的重新初始化。

在 Level-Set 方法中，自由液面的位置是通过距离函数值 ϕ 确定，两相流自由

面处无质量输运,因此距离函数 ϕ 满足方程:

$$\frac{\partial \phi}{\partial t} + u_j \frac{\partial \phi}{\partial x_i} = 0 \tag{3.11}$$

式中:ϕ 为流场中任何一点距离自由表面的距离,用 ϕ 和 0 的关系可以区别不同的物相。

$$\phi \begin{cases} < 0 & (空气) \\ = 0 & (自由面) \\ > 0 & (液体) \end{cases} \tag{3.12}$$

level-set 法既构造等值面函数 $\varphi(\boldsymbol{x},t)$,保证任意时刻函数 ϕ 的零等值面是运动界面 $\Gamma(t)$,在使用过程中,需要对 $\varphi(\boldsymbol{x},t)$ 重新初值化,使其重新成为 $\boldsymbol{x}$ 到界面 $\Gamma(t)$ 的距离。设在 t 时刻得到的 Level-Set 函数为 φ_0,求解初值问题:

$$\begin{cases} \varphi_t = \text{sign}(\varphi_0)(1 - |\nabla \varphi|) \\ \varphi(\boldsymbol{x},0) = \varphi_0 \end{cases} \tag{3.13}$$

其中稳定解 $\varphi(\boldsymbol{x},t)$ 为重新构造的函数。

4) 六自由度运动模型

在模拟船体运动过程中,船体在自由表面做六自由度运动,需要对船体的六自由度运动方程进行数值求解。对于船体六自由度运动的描述是在地球固定坐标的基础上采用转换公式换算成船体上运动坐标系。船体的运动坐标系在地球固定坐标系当中的位置坐标以及欧拉角表示为

$$\boldsymbol{\eta} = (x_1, x_2, x_3, \varphi, \psi) \tag{3.14}$$

速度与角速度表示为

$$\boldsymbol{\nu} = (u, v, w, p, q, r) \tag{3.15}$$

式中:u、v、w 为纵荡、横荡以及垂荡的速度;p、q、r 为横摇、纵摇、首摇的旋转速度。

如果惯性轴和船体系统的轴在一条线上,则船体的刚体运动方程为

$$\begin{cases} m[\dot{u} - vr + wq - x_G(q^2 + r^2) + y_G(pq - \dot{r}) + z_G(pr - \dot{q})] = X \\ m[\dot{v} - wr + uq - y_G(r^2 + p^2) + z_G(qr - \dot{p}) + x_G(qp - \dot{r})] = Y \\ m[\dot{w} - ur + vq - z_G(p^2 + q^2) + x_G(rp - \dot{q}) + y_G(rp - \dot{p})] = Z \end{cases} \tag{3.16}$$

$$\begin{cases} [I_x \dot{p} + (I_z - I_y)qr + m\{y_G(\dot{w} - uq + vp) - z_G(\dot{v} - wp + ur)\}] = K \\ [I_y \dot{q} + (I_x - I_z)rp + m\{z_G(\dot{u} - vr + wq) - x_G(\dot{w} - uq + vp)\}] = M \\ [I_z \dot{r} + (I_y - I_x)pq + m\{x_G(\dot{v} - wp + ur) - y_G(\dot{u} - vr + wq)\}] = N \end{cases} \tag{3.17}$$

流体对船体产生的力和力矩通过在船体表面积分计算而成,再加上船体重力所产生的力和力矩,成为船体受到的合力,运动求解与流场求解将迭代耦合进行。

求解流程如图 3.10 所示。

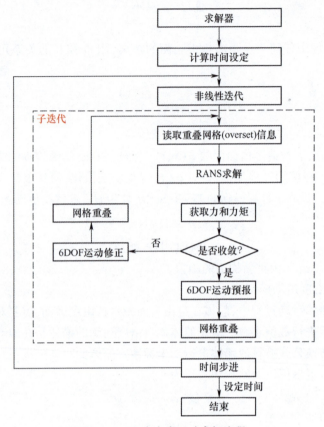

图 3.10 六自由度运动求解流程

5）边界条件

数值计算中,边界条件的具体设置如下:

入口条件:定义入口处的速度为无穷远处的速度 $V=V_\infty$,压力由内域外插获得;

出口条件:定义出口处的压力大小为无穷远处的静水压力值 $P=P_\infty$;

物面条件:物面法向速度为零 $V=0$,引入标准壁面函数;

对称条件:在对称面上的法向速度为零 $V_n=0$,所有物理量在对称面法向上的梯度为零,满足对称条件。

2. 数值求解方法

1）离散方法

离散方法采用的是守恒型有限差分法。有限差分法的基本思想是利用相邻离散点函数值的差商代替偏微分方程中的微商,会在求解区域形成一个代数方程组,其中每个节点都对应一个代数方程,方程中的未知量为该节点和相邻节点的函数值。

通常对于有限差分法,由于在结构化网格中很容易构造不同精度的差分格式,因此有限差分法也经常配合结构化网格来使用。书中采用的重叠网格方法均基于结构化网格,这样在保证适应复杂结构表面形状的同时,又能够容易地构造出较高精度的差分格式。

2) 压力速度耦合方法

压力速度耦合方法选用流场中经典的求解压力耦合方程的半隐式法(semi-implicit method for pressure-linked equations,SIMPLE)处理压力速度耦合问题。该方法由 Patankar 与 Spalding[90]于1972年提出,是一种主要用于求解不可压缩流场的数值方法。它的核心是采用"猜测—修正"的过程,通过在交错网格的基础上计算压力场,从而达到求解动量方程的目的。

3) 离散格式

对流项采用二阶迎风差分格式,扩散项采用中心差分格式。代数方程的求解使用的是 Gauss-Seidel 迭代方法。为了加速迭代收敛速度,采用代数多重网格方法,通过在一系列粗网格上计算修正量,来加快求解收敛速度,可以大大减少得到收敛解所需的迭代次数和 CPU 时间。

3. 重叠网格方法

结构化重叠网格方法是将复杂的流动区域分成几何边界比较简单的子区域,各子区域中的计算网格独立生成,彼此存在重叠、嵌套或覆盖关系,流场信息通过插值在重叠区域边界进行匹配和耦合。重叠网格最大的特点是方便进行六自由度大幅运动计算,这对于船舶大幅运动模拟尤为适用。

在重叠网格的实现过程中,将具有复杂拓扑结构的物体看成很多简单拓扑结构部分的组合,每个部分独立生成局部的网格,这些子区域的网格拓扑结构简单,能够用局部结构化网格精准地表达。每个子区域网格一起组成整个物体结构的网格,每个子区域网之间通过重叠交叉、嵌套的方式进行组合,实现不同子区域间网格信息的互相传递。因此,重叠网格能够较好地描述复杂结构物体,并且能够以较高的精度,较高的计算效率实现模拟。如图 3.11 所示,将模型中各部分单独划分网格,再共同嵌入一个均匀背景网格中,各网格之间互有重叠,网格 2 外边界插值点和网格 1 洞边界点之间的区域即为重叠区域[91-92]。图 3.11 和图 3.12 给出了三维船体网格与背景网格重叠的示意图。

4. 船舶水动力数值计算方法的验证

本书中用于船舶水动力性能预报的软件工具由中国船舶科学研究中心自主研发,该软件可以计算船舶的阻力、波浪增阻、运动响应、流场、操纵性能等各类水动力性能,以此作为评估器可以用于解决各类水动力性能的优化设计问题。

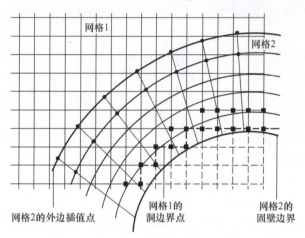

图 3.11 重叠网格挖洞寻点示意图

图 3.12 船体网格与背景网格重叠示意图

船舶水动力性能预报方法的可靠性直接关系到优化设计的成败。因此选择 DTMB5415(水面舰船标模)、44600DWT(散货船)等典型船舶对象,对基于 RANS 方程的船舶水动力性能预报工具的可靠性进行验证。

1) 验证对象

验证对象包括水面舰船 DTMB5415 和散货船 44600DWT。船体的主参数如表 3.1 所示,船体外形如图 3.13 和图 3.14 所示。

表 3.1 验证对象主参数

主要参数	验证对象	
	DTMB5415	44600DWT
缩尺比	24.824	18.457

续表

主要参数	验 证 对 象	
	DTMB5415	44600DWT
垂线间长 L/m	5.720	7.090
型宽 B/m	0.766	1.169
吃水 T/m	0.248	0.406
湿表面积 S/m^2	4.861	12.351
方形系数 C_B	0.507	0.835
浮心位置 $L_{CB}/\%$	-0.029	2.667

图 3.13 DTMB5415 船模外形示意图

图 3.14 44600DWT 散货船示意图

2）验证结果

表 3.2 和表 3.3 给出了两型具有代表性的典型船模阻力数值计算结果与水池模型试验结果的比较。DTMB5415 舰船标模：在 $Fr=0.15\sim0.41$ 时，数值计算与模型试验结果吻合较好，二者之间偏差在 2% 以内，表明该数值计算方法在中高速船模阻力预报方面具有较高的精度。

44600DWT 散货船模型：在 $Fr=0.12\sim0.17$ 时，数值计算与模型试验结果吻合较好，二者之间偏差在 1% 以内，表明该数值计算方法在肥大型低速船模阻力预报方面具有很高的精度。

表 3.2 DTMB5415 船模阻力数值计算与模型试验结果比较

Fr	$V_m/(m/s)$	R_{tm}/N		偏差
		CFD	EFD	
0.15	1.237	12.1510	12.1135	0.31%
0.17	1.273	15.9720	15.7313	1.53%
0.21	1.573	23.8060	23.9383	-0.55%
0.25	1.873	35.1280	34.8862	0.69%

续表

Fr	$V_\mathrm{m}/(\mathrm{m/s})$	R_tm/N		偏差
		CFD	EFD	
0.280	2.098	45.160	46.023	-1.87%
0.330	2.472	70.320	70.944	-0.88%
0.370	2.772	101.612	101.963	-0.34%
0.410	3.071	152.649	152.987	-0.22%

表 3.3　44600DWT 船模阻力数值计算与模型试验结果比较

Fr	$V_\mathrm{m}/(\mathrm{m/s})$	R_tm/N		比较
		CFD	EFD	
0.120	1.012	24.918	24.733	0.75%
0.132	1.113	29.721	29.753	-0.11%
0.144	1.214	35.099	35.271	-0.49%
0.156	1.316	41.594	41.832	-0.57%
0.168	1.417	49.282	49.675	-0.79%

3.2.3　CFD 数值计算网格自适应方法

基于 RANS 方程的高精度船舶水动力数值预报方法直接融入船型优化设计流程，需要解决数值计算网格的自动划分(自动生成)或者网格自适应问题，以实现船型自动优化设计，即优化过程中无需人工干预。

CFD 数值计算网格的自动生成或自动划分是指对不同方案的船体线型进行 CFD 数值计算网格自动建模，为了避免和消除优化过程中由数值计算网格划分引起的数值噪声，应保证在优化过程中不同方案的船体几何表面网格尺度相同且整个计算域的网格拓扑结构形式相同，主要目的是保证对不同设计方案的水动力性能预报评估采用同一把标尺。常用的方法，一是将网格划分软件对优化对象的建模过程进行记录，形成脚本，实现不同船型方案的网格自动建模，或者通过编写网格划分命令流的方式实现船体网格自动生成，这类方法较容易实现，但适应性较差，优化过程中，随着船体几何变形幅度的增加，易出现自动划分错误、网格生成质量变差等问题。二是数值计算网格的自适应，即数值计算网格将依据船体几何的变形自动去适应，对于不同的船型方案不需要重新划分网格，这种方法能够保证网格拓扑结构、数量等一致，能适应较大变形，且网格质量较好。

本书采用数值计算网格自适应方法。对于不同设计方案，其网格数量、划分形式、拓扑结构以及船体表面第一层网格的尺度均保持相同，可以基本消除由于网格划分带来的数值计算噪声;此外,对于不同设计方案,数值计算方法完全相同,比如采用相同的湍流模型、数值求解方法、参数设置等,保证了不同设计方案的数值评估结果具有可比性。

1. 船体数值计算网格自适应方法

数值计算中的船体表面网格较密,完全能够表征船体几何曲面,因此,可将船体几何自动变形与其数值计算网格结合起来,直接对船体表面网格(船体几何)进行自动变形重构,同时整个数值计算网格能根据船体表面网格的变形而自动进行自适应(类似弹簧可进行拉升和压缩),即直接对船体数值计算网格进行自动变形重构,如此既能保证变形后网格的质量与变形前相同,又能提升适应性(可用于复杂外形以及大变形)。该方法将使得高精度的 CFD 求解器直接融入优化设计流程,实现自动化。从流程自动化的角度来看,突破了高精度 CFD 求解器在船型优化设计中的应用瓶颈,如图 3.15 所示。

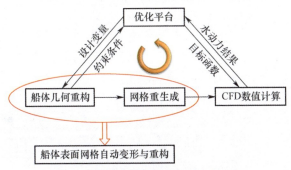

图 3.15　船体表面网格自动变形与重构

采用 FFD 自由变形方法实现船体物面网格的变形,由于 RANS 求解器采用结构化网格,优化过程中不同设计方案的体网格将根据重构变形的物面网格和初始体网格获得,其具体方法如下。

假定初始体网格沿物面方向外推了 j_{max} 层网格($j=1$ 表示物面网格),则任意网格点位置 x_j^{org} 处的加权值定义为

$$w_j = 1 - \frac{\sum_{j=2}^{j}(x_j^{org} - x_{j-1}^{org})}{\sum_{j=2}^{j_{max}}(x_j^{org} - x_{j-1}^{org})} \tag{3.18}$$

新的体网格与原始体网格具有相同的外边界,且任意网格点 x_j^{mod} 处的加权值与原始网格一致,如图 3.16 所示,则新的体网格任意网格点就可以通过下式自动获得:

$$x_j^{mod} = x_j^{org} + w_j(x_{j=2}^{mod} - x_{j=2}^{org}) \tag{3.19}$$

上述方法自动获取的新变形体网格是由船体表面的正交矢量和初始体网格的网格间距决定,具有与初始体网格相同的拓扑关系和几乎一致的网格属性(正交性、偏斜率等),这样获得的新体网格质量非常高,可以将优化过程中由于网格划分引起的数值噪声降到最低,基本可以避免数值计算网格对优化设计结果的影响。

该方法的实质是依据优化过程中船体表面(船体表面网格)的变形/(重构)实现体网格的自适应。由于 RANS 求解器的网格采用结构化网格(物面贴体网格加背景网格重叠合并生成),初始贴体网格是由船体表面网格外推生成,适用于复杂船体外形,具有较好的正交性,因此,上述网格自适应方法可用于复杂船体外形的变形(重构),且具有非常好的适应性,能够适应船体几何大的变形(重构)。

变形前后船型的静水力参数(排水体积、湿表面积、浮心位置和横稳性高)通过船体表面网格进行计算,输出后可直接用于判断是否满足优化设计的约束条件。

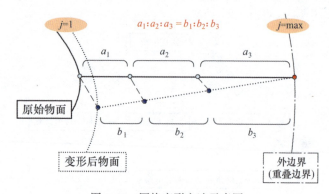

图 3.16　网格变形方法示意图

2. 船体网格自动变形与重构流程

(1) 针对原型方案进行建模,划分网格。先对船体表面划分网格,并外推生成贴体网格,之后与背景网格进行重叠合并,最终生成原始方案数值计算网格,如图 3.17 所示。

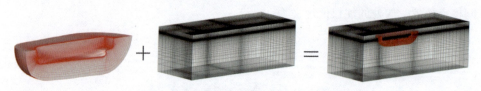

图 3.17　体网格与背景网格合并示意图

(2) 将船体表面网格提取出来,利用网格节点来表征船体表面,如图 3.18 所示。

(3) 利用前文的 FFD 几何重构方法直接对船体表面网格进行自动重构/变

图 3.18　船体表面网格

形,具体方法参考 3.2.1 节。输入是船体表面网格文件,输出是变形后的船体表面网格文件。如图 3.19 所示。

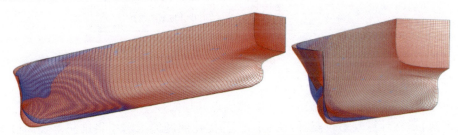

图 3.19　船体表面网格(艏部)变形前后对比

(4) 采用上述网格自适应方法将变形后的船体表面网格与初始体网格进行合并。即生成变形后的计算网格,如图 3.20 所示。

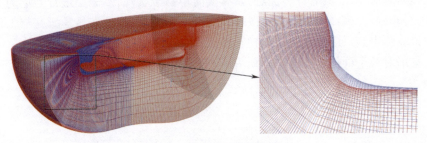

图 3.20　变形前后体网格对比

3.2.4　粒子群智能优化算法

最优化技术在整个优化设计流程中充当指路器:即为优化设计问题的求解提供科学方法,科学地指导最优解的搜索方向(图 3.21)。其作用是快速、准确地搜索到构型设计空间中的全局最优解。

作为一门独立的学科,最优化理论已经发展得较为完善,已在航空航天、船舶、

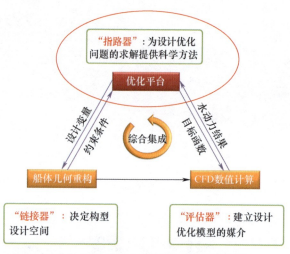

图3.21 最优化技术在新设计模式中的作用

机械等诸多工程设计领域得到了广泛的应用。但是并没有一种优化算法是"放之四海而皆准"的,所有的算法都有各自的优点和局限性。传统的优化方法(基于梯度方法)虽然计算效率较高,但在实际工程优化问题的求解中很难获得全局最优解,且在处理多目标优化问题上存在困难;而随机搜索算法(如遗传算法、进化算法等)则不依赖于设计问题的具体领域,对问题的种类有很强的鲁棒性,且能够获得全局最优解,也易于处理多目标优化问题。其中粒子群全局优化算法同其他的随机搜索算法相比,具有许多优点,如算法简单易于实现、不需要进行大量的参数调节,对非线性、多峰问题具有较强的全局搜索能力等,因此在科学研究与工程实践中该算法得到了广泛应用,在船型优化设计领域也得到了较多的应用。

本书对粒子群优化算法进行研究、改进和开发,将其用于求解船型优化设计问题。

1. 粒子群优化算法

1) 基本原理

Eberhart 和 Kennedy 提出的基本粒子群优化算法可描述为设在一个 D 维的目标搜索空间中,有 m 个粒子组成一个种群,第 i 个粒子的位置用向量 $\boldsymbol{x}_i = [x_{i_1}, x_{i_2}, \cdots, x_{i_D}]$ 表示,飞行速度用 $\boldsymbol{v}_i = [v_{i_1}, v_{i_2}, \cdots, v_{i_D}]$ 表示,第 i 个粒子搜索到的最优位置为 $\boldsymbol{p}_i = [p_{i_1}, p_{i_2}, \cdots, p_{i_D}]$,整个群体搜索到的最优位置为 $\boldsymbol{p}_g = [p_{g_1}, p_{g_2}, \cdots, p_{g_D}]$,则用更新粒子的速度和位置:

$$v_i(n+1) = v_i(n) + c_1 r_1 (p_i - x_i(n)) + c_2 r_2 (p_g - x_i(n)) \quad (3.20)$$

$$x_i(n+1) = x_i(n) + v_i(n) \quad (3.21)$$

式中: $i = 1, 2, \cdots m$ 为不同的粒子; c_1、c_2 为大于零的学习因子或称为加速系数,分别调节粒子向自身已寻找到的最优位置和同伴已寻找到的最优位置方向飞行的最大步长,通常情况下取 $c_1 = c_2 = 2$；r_1、r_2 为介于 $[0,1]$ 之间的随机数；n 为迭代次数,即粒子飞行的步数。

将 v_i 限定一个范围,使粒子每一维的运动速度都被限制在 $[-v_{max}, v_{max}]$ 之间,以防止粒子运动速度过快而错过最优解,v_{max} 一般根据实际问题来确定。当粒子的飞行速度足够小或达到预设的迭代步数时,算法停止迭代,输出最优解。

2) 粒子群优化算法流程

粒子群优化算法的基本思想是通过群体中个体之间的协作和信息共享来寻找最优解。算法的流程如图 3.22 所示。

粒子群优化算法的步骤描述如下：

步骤 1：设置群体规模,初始化粒子群,包括粒子的初始速度和位置等；

步骤 2：计算每个粒子的适应值,存储每个粒子的最好位置 P_{best} 和适应值,并从种群中选择适应值最好的粒子位置作为整个种群的最好位置 G_{best}；

步骤 3：根据方程更新每个粒子的速度和位置；

步骤 4：计算位置更新后每个粒子的适应值,将每个粒子的适应值与其以前经历过的最好位置 P_{best} 所对应的适应值进行比较,如果较好,则将其当前的位置作为该粒子的 P_{best}；

步骤 5：将每一个粒子的适应值与全体粒子所经历过的最好位置 G_{best} 对应的适应值进行比较,如果较好,则将更新 G_{best} 的值；

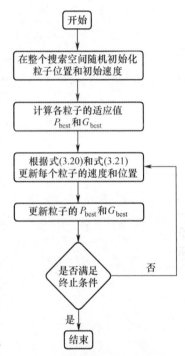

图 3.22　粒子群优化算法流程图

步骤 6：判断搜索结果是否满足算法设定的结束条件(通常为足够好的适应值或达到预设的最大迭代步数),如果没有达到预设条件,则返回步骤 3；如果满足预设条件,则停止迭代,输出最优解。

3) 粒子群优化算法的改进策略

由于粒子群优化算法中粒子向自身历史最佳位置和群体历史最佳位置聚集,形成粒子种群的快速趋同效应,容易出现陷入局部极值、早熟收敛或停滞现象。同时,粒子群优化算法的性能也依赖算法参数。为了克服上述不足,主要从初始化种群和算法参数两个方面对标准粒子群优化算法(standard particle swarm optimization,SPSO)进行改进。

（1）基于试验设计的种群初始化改进策略。标准粒子群优化算法在对粒子进行初始化时,采用的是随机方法,这种方法可能会使种群不能够均匀地覆盖整个设计空间。将试验设计的思想引入粒子群优化算法中,即在初始化粒子群时,粒子的初始速度和位置采用试验设计方法进行选取,这种初始化方法能够以较少的种群规模对设计空间进行较充分的探索。本书采用试验设计中的正交设计方法或拉丁方法对粒子的速度和位置进行初始化,具体采用哪种试验设计方法根据种群规模确定。

（2）自适应权重改进策略。标准粒子群优化算法的惯性权重随更新代数增加而逐渐递减,算法后期由于惯性权重过小,会失去探索新区域的能力。本书惯性权重采用自适应的方法,即在迭代过程中,惯性权重会随着个体适应值与群体平均适应值的情况而自动地改变大小,其表达式如下：

$$w = \begin{cases} w_{\min} - \dfrac{(w_{\max} - w_{\min})(f - f_{\min})}{(\bar{f} - f_{\min})} + n^2 \dfrac{(w_{\max} - w_{\min})}{n_{\max}^2} & (f \leq \bar{f}) \\ w_{\max} & (f > \bar{f}) \end{cases} \quad (3.22)$$

式中：f 为当前的适应值；$\bar{f}$ 和 $f_{\min}$ 为当前所有粒子的平均适应值和最小适应值。当群体中每个粒子的适应值趋于一致时,惯性权重将会增加,可以防止陷入局部寻优;当每个粒子的适应值比较分散时,惯性权重将会减小,有利于粒子向最优点处靠近。这种自适应的改变惯性权重的方法既有利于增加收敛速度,又在一定程度上避免了早熟,有效地改善了全局搜索与局部搜索能力。

改进后的粒子群优化算法流程如图3.24所示,具体步骤如下：

步骤1：设置群体规模,采用试验设计方法(正交设计或拉丁方设计方法)初始化粒子群,包括粒子的初始速度和位置等；

步骤2：计算每个粒子的适应值,存储每个粒子的最好位置 P_{best} 和适应值,并从种群中选择适应值最好的粒子位置作为整个种群的最好位置 G_{best},按照自适应权重公式计算权重因子；

步骤3：根据方程更新每个粒子的速度和位置；

步骤4：按照自适应权重公式更新权重因子；

步骤5：计算位置更新后每个粒子的适应值,将每个粒子的适应值与其以前经历过的最好位置 P_{best} 时所对应的适应值比较,如果较好,则将其当前的位置作为该粒子的 P_{best}；

步骤6：将每一个粒子的适应值与全体粒子所经历过的最好位置 G_{best} 对应的适应值进行比较,如果较好,则将更新 G_{best} 的值；

步骤7：判断搜索结果是否满足算法设定的结束条件(通常为足够好的适应值或达到预设的最大迭代步数),如果没有达到预设条件,则返回步骤3；如果满足预

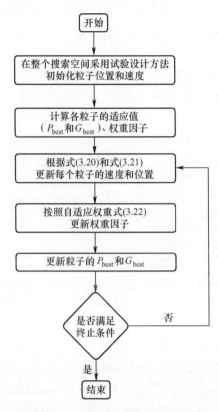

图 3.23 改进的粒子群优化算法流程图

设条件,则停止迭代,输出最优解。

2. 多目标粒子群优化算法

工程中经常会遇到多准则或多目标下的设计和决策问题,这些目标往往是相悖的,要找到满足这些目标的最佳设计方案,就要解决多目标优化问题(multi-objectvie optimization MOO)问题。通常考虑的多目标优化问题(以求最小值问题为例),可以定义为寻找一组设计变量:

$$X = (x_1, x_2, \cdots, x_s)^{\mathrm{T}}$$

使 $\min = f_i(X)$ $(i = 1, \cdots, n)$。

约束条件为

$$h_k(X) = 0 \quad (k = 1, 2, \cdots, m)$$
$$g_j(X) \geqslant 0 \quad (j = 1, 2, \cdots, p)$$

式中:s、n、m、p 分别为设计变量、目标函数、等式约束和不等式约束的个数。

在一般情况下,多个目标之间可能是相互冲突的,即不存在一个最优设计方案使所有目标同时达到最优。一个目标性能的改善,往往以其他一个或多个目标性能的降低为代价。因此,对于多目标优化问题,在求解过程中必须对解的质量进行评价。书中采用Pareto支配解方法解决多目标最优设计方案的评估与决策问题。

1) Pareto支配关系的定义

对于最小化多目标问题,$\min = f_i(X)(i=1,2,\cdots,n)$,任意给定两个设计变量$X_u$, X_v:

当且仅当对于$\forall i \in \{1,2,\cdots,n\}$,都有$f_i(X_u) < f_i(X_v)$,则$X_u$支配$X_v$;

当且仅当对于$\forall i \in \{1,2,\cdots,n\}$,有$f_i(X_u) \leq f_i(X_v)$,且至少存在一个$j \in \{1,2,\cdots,n\}$,使$f_j(X_u) \leq f_j(X_v)$,则$X_u$弱支配$X_v$;

当且仅当$\exists i \in \{1,2,\cdots,n\}$,使$f_i(X_u) < f_i(X_v)$,同时,$\exists j \in \{1,2,\cdots,n\}$,使$f_j(X_u) > f_j(X_v)$,则$X_u$与$X_v$互不支配。

2) Pareto最优解集定义

多目标优化问题与单目标优化问题有很大差异。当只有一个目标函数时,人们寻找最好的解,这个解优于其他所有解,通常是全局最大或最小,即全局最优解。而当存在多个目标时,因为目标之间存在冲突无法比较,所以很难找到一个解使得所有的目标函数同时最优,也就是说,一个解可能对于某个目标函数是最好的,但对于其他的目标函数却不是最好的,甚至是最差的。因此,对于多目标优化问题,通常存在一个解集,这些解之间就全体目标函数而言是无法比较优劣的,其特点是无法在改进任何目标函数的同时不削弱至少一个其他目标函数。这种解称为非支配解(non-dominated solutions)或Pareto最优解(Pareto optimal solutions)。对于最小化多目标问题,若X_u为Pareto最优解,则需满足如下条件:

当且仅当,不存在设计变量$X_v \in U$,$f_i(X_v)$支配$f_i(X_u)$,即不存在$X_v \in U$使下式成立:

$\forall i \in \{1,2,\cdots,n\}$, $f_i(X_v) \leq f_i(X_u) \land \exists i \in \{1,2,\cdots,n\} | f_i(X_v) < f_i(X_u)$

由Pareto解的定义可知,在可行解集中没有比Pareto解更优的解。所有Pareto最优解对应的目标函数值所形成的区域被称为Pareto前沿。

多目标优化问题的Pareto解或为凸集,或为凹集,在某些复杂情况下,还可能是半凸、半凹或者不连续的。Pareto解集的复杂性,也增加了多目标优化问题的求解难度。

与传统的多目标处理方法(目标加权)相比,随机搜索算法在求解多目标优化问题中具有很大的优越性。首先,在搜索过程中不容易陷入局部最优,即使在所定义的适应值函数是不连续的、非规则的或有噪声的情况下,它们也能以很大的概率找到全局最优解;其次,由于它们固有的并行性,非常适合并行计算;再次,随机搜索算法采用自然进化机制来表现复杂的现象,能够快速可靠地解决难点问题。最后,由于容易嵌入到已有的模型中,并且具有可扩展性,同时易于应用于多目标优化。所以,此类算法已被广泛运用于许多复杂系统的自适应控制和复杂优化问题等研究领域。本书中多目标优化设计采用多目标粒子群优化算法,下面对其基本流程进行简单介绍。

3) 多目标粒子群优化算法的基本流程

在单目标粒子群优化算法中,粒子种群固定,其粒子不会被替代,而只调整它们的 P_{best} 和 G_{best}。在多目标情况下,G_{best} 通常存在于一组非劣解中,而不是单个的全局最优解,而且当两者互不支配时,每个粒子可能不止一个 P_{best}。因此,P_{best} 和 G_{best} 的选取比单目标优化复杂,具体方法如下:

(1) P_{best} 选取。如果粒子 x 支配 P_{best},则 $P_{best}=x$;如果粒子 P_{best} 支配 x,则保持不变;如果两者互不支配,随机产生一个 0~1 的随机数 r,如果 $r<0.5$,则 $P_{best}=x$,否则不变。

(2) G_{best} 选取。每个粒子从最优解集中选取一个解作为其 G_{best},并采用二元锦标赛的方式为每个粒子独立地选取 G_{best},每个粒子所获得的 G_{best} 各不相同,这意味着粒子将沿着不同的方向飞行,可以提高算法对设计空间的探索能力。

多目标粒子群优化算法具体步骤如下:

步骤 1:设置群体规模,采用试验设计方法(正交设计或拉丁方设计方法)初始化粒子群,包括粒子的初始速度和位置等;

步骤 2:计算每个粒子的适应值,并选出 Pareto 最优解集;

步骤 3:根据式(3.20)和式(3.21)更新每个粒子的速度和位置;

步骤 4:按照式(3.22)更新权重因子;

步骤 5:将非支配个体加入 Pareto 最优解集中,之后重新选出 Pareto 最优解集中的非支配个体,当非支配个体数大于 N_P(N_P 为设定的 Pareto 最优解集存储个数)时,对非支配个体按 NSGA-II 的拥挤度距离从大到小进行排序,选出前 N_P 个非支配个体保留在 Pareto 最优解集中,其余个体全部删除;

步骤 6:判断搜索结果是否满足算法设定的结束条件(通常为达到预设的最大迭代步数),如果没有达到预设条件,则返回步骤 3;如果满足预设条件,则停止迭代,输出 Pareto 最优解集。

4) 全局优化算法的并行求解

粒子群全局优化算法非常适合于并行计算。优化过程中,如果每步的种群数为 n,则可以选择 N 个计算节点分别对 n 个粒子的适应值同时进行计算,如图 3.24 所示。在并行计算机中,每个节点可使用 m 个处理器对一个粒子的适应值进行数值计算,如图 3.25 所示。

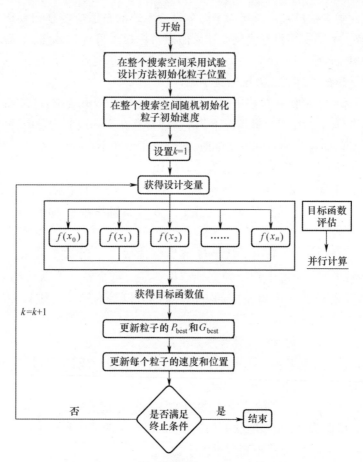

图 3.24 IPSO 全局优化算法的并行计算结构图

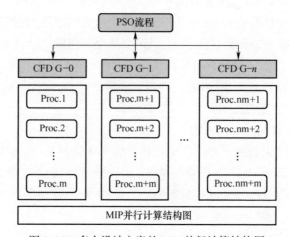

图 3.25 多个设计方案的 MIP 并行计算结构图

3.3 船型优化设计平台

全局流场优化驱动的水动力性能设计研究是将最优化技术引入船型设计领域,利用可靠的性能评估工具,并结合几何重构技术实现船型在设定目标下的最优设计,它主要涉及最优化理论、CAD技术、流体力学、CFD技术、软件工程等多个学科。本节介绍将船型优化设计涉及的关键技术和主要功能模块集成起来形成的船型优化设计平台OPTiCFDSHIP。

目前,商用优化平台有很多,如iSIGHT、Optimus等。它们主要通过通用接口将几何重构模块和船舶水动力性能评估器集成起来,并利用优化平台提供的优化算法和策略对船型进行优化。该类商用优化平台基本上都是通用软件,适用于各个领域不同学科的优化设计,功能很多。本书中介绍的船型优化平台自主研发,是专用软件,主要用于船型优化设计,集成了自主研发的船舶水动力性能预报工具、几何变形重构模块、粒子群智能优化算法、后处理分析模块等,可直接用于各类船舶水动力性能优化设计。

1. 船型最优化设计平台的功能模块

根据船型优化设计方法的特点,结合对该设计方法所涉及的关键技术分析,船型优化设计平台主要由五大功能模块构成,如图3.26所示。

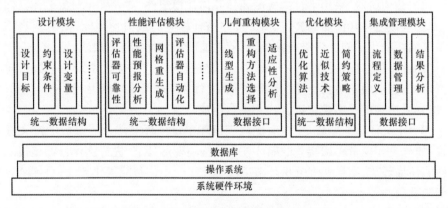

图3.26 船型优化设计框架功能模块划分

(1) 设计模块:主要对设计问题的定义,包括设计目标、约束条件、设计变量定义。

(2) 性能评估模块:主要包括性能评估器可靠性验证、性能指标预报分析、网格自适应、评估器自动化、功能约束的计算等。

(3) 几何重构模块:实现船体几何表达与重构,且能够与优化算法、性能评估器的通信接口互通。

(4) 优化模块:包括优化算法、简约策略和设计变量搜索策略等。
(5) 集成管理模块:包括界面设计、流程定义、文档和数据的管理等。

2. 船型优化设计流程与过程集成

聚焦水面船阻力性能优化设计,对整个优化系统交互界面、优化三要素、优化流程规划等进行了详细的说明。图 3.27 为水面船阻力性能优化系统主界面。

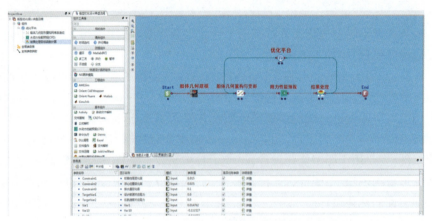

图 3.27　船舶阻力性能优化主界面

用户可以方便地在平台上对优化问题进行定义,基本流程分为以下四个阶段:

(1) 建模阶段:采用平台集成的船体几何建模组件,建立优化对象船体几何模型,并获取该船体几何曲面文件(IGS),并结合相应的数值预报软件,对网格划分所要求的标准化曲面文件进行预处理,使之能够满足优化准入要求。

(2) 构建优化三要素:用户可以通过拖拉拽的方式在优化系统中柔性搭建优化三角环,在水面船阻力性能的优化过程中,优化三角环由船体几何重构与变形模块、CFD阻力性能预报模块以及优化平台组成。

(3) 定义优化三要素:用户对优化三角环中每个环节涉及的参数的定义进行配置,如与设计变量密切相关的船体几何重构与变形环节、进行优化目标预报的阻力性能预报环节、结果处理分析环节以及优化平台中的智能优化算法、目标函数及功能约束条件等。

(4) 优化运行及结果分析处理:优化要素及相关参数均配置完成后,提交优化任务至分布式协同系统进行分步式计算,并对优化过程进行实时监控,优化所产生的数据、图表、流场信息等均可在线查看。

3. 船舶阻力多设计点优化设计设置示例

针对特定的优化问题,用户需对设计变量的数量以及数值进行定义,在船舶阻力多设计点优化设计中,设计变量的定义及其变化范围将调用 FFD 船体几何重构模块进行,共选取了 15 个参数作为设计变量,并对每个设计变量的可变化范围的最大值和最小值进行了确定。如图 3.28 所示。

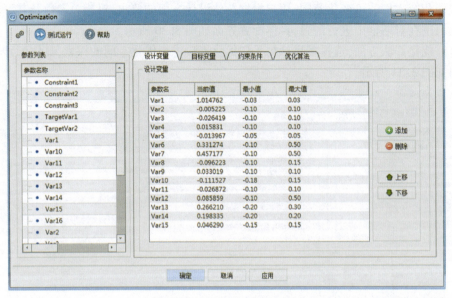

图 3.28　设计变量参数配置

采用 2 个目标作为优化目标变量开展船舶阻力性能优化设计,选取设计航速和巡航速度对应的模型总阻力最优作为目标函数,具体配置界面如图 3.29 所示。

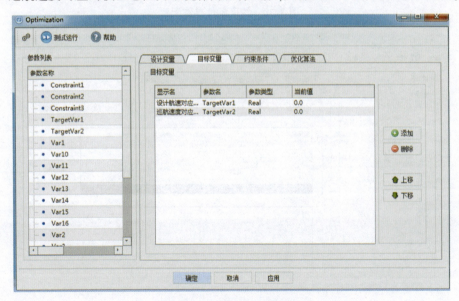

图 3.29　目标变量参数配置

对优化的功能约束条件进行配置,例如初稳性高、浮心纵向位置、排水体积、湿表面积及它们的可变化范围,用户根据总体设计方面的要求,对相关参数及其可变化范围在对话框中进行配置,具体配置界面如图 3.30 所示。

优化算法方面,选择多目标粒子群优化算法进行优化空间的探索,具体配置界面如图 3.31 所示。

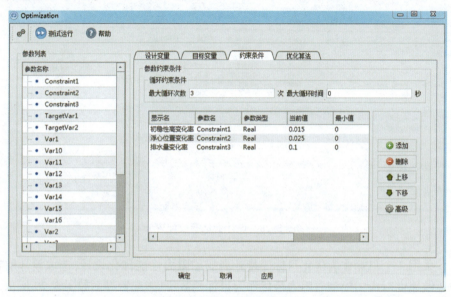

图 3.30 约束条件参数配置

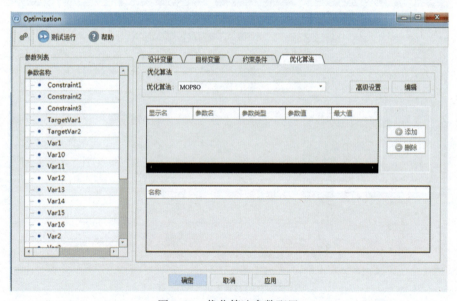

图 3.31 优化算法参数配置

第四章 工程应用实例

本章全面系统地介绍了全局流场优化驱动的船型设计方法在船舶实际工程设计中的应用情况,从设计对象来看包括低速船/中高速船、单体船/双体船、主力船型/高性能船;从解决的设计问题来看包括经济航速/设计航速阻力最小、伴流场品质最佳等;从构型设计区域来看包括整体构型、球艏、尾部、附体等。

本章将应用对象分为五种类型:水面舰船类、科考调查船类、小水线面船类、低速肥大型船类以及渔船类船舶,每个类型分别给出了若干个船型优化设计案例,并对其优化过程及其优化效果进行了详细地描述。应用对象如表 4.1 所示。

表 4.1 应用对象汇总表

船舶种类	船舶名称	船舶简介
水面舰船	DTMB5415 标模	DTMB5415 标准模型是美国泰勒船模试验水池设计的一型水动力性能优良的海军水面舰船,是国际拖曳水池会议(ITTC)推荐的三大基准船模之一
	水面舰船概念方案	典型水面舰船概念方案
科考调查船	"蓝海 101"船	"蓝海 101"船为 3000 吨级海洋渔业综合科考船,主要承担渔业资源与渔业环境的常规、专项和应急调查监测、海洋综合调查等研究任务
	"新实践"号	"新实践"号海洋综合科考船,主要承担维护我国海洋权益和进行海洋基础调查任务
	智能技术试验船	智能技术试验船是中国自主研发的全球首艘高科技试验船,主要承担智能器件、设备与系统海上测试验证示范应用、深海装备关键技术演示验证、深远海科学试验作业保障三大重要功能
	"探索一号"船	探索一号科考船作为深海科考通用平台,主要承担 4500 米"深海勇士号"以及 11000 米"奋斗者号"载人潜水器的保障支持、深海潜水器目标海域的科学研究任务
小水线面双体船	"北调 996"船	"北调 996"船为深海装备综合试验船,是全球最大吨位的小水线面双体船
	"三峡运维 001"船	"三峡运维 001"船为国内首艘 CAT-SWATH 双模式高速小水线面风电运维船,主要承担江苏海域风电场海上高速风电运维任务

续表

船舶种类	船舶名称	船舶简介
低速肥大型船	6600DWT 散货船	6600DWT 江海联运散货船主要航行于国内近海航区，同时可进入长江的一艘江海联运散货船，主要用于运载装运散煤、钢材、谷物、矿砂、袋装粮食等不易燃货物
	44600DWT 散货船	44600DWT 江海联运散货船主要航行于国内近海航区，主要用于运载装运散煤、钢材、谷物、矿砂、袋装粮食等不易燃货物
渔船	63m 拖网渔船	63m 拖网渔船主要用于开展近海海域渔业资源的捕捞作业
	多功能远洋渔船	多功能远洋渔船为针对秋刀鱼兼鱿鱼捕捞的高性能渔船，是一艘集远洋渔业资源捕捞、加工为一体的多功能渔业作业船

4.1 水面舰船类

4.1.1 DTMB5415 标准模型球艏优化设计

DTMB5415 标准模型是美国泰勒船模试验水池设计的一型水动力性能优良的海军水面舰船，是国际拖曳水池会议推荐的三大基准船模之一，被广泛应用于模型试验、数值模拟及船型优化设计等方面的研究，其外形示意如图 4.1 所示，主尺度参数如表 4.2 所示。

图 4.1 DTMB5415 标准模型外形示意图

表 4.2 DTMB5415 标准模型主尺度参数

参　　数	实船	模型
垂线间长 L_{PP}/m	142.00	5.720
型宽 B/m	19.015	0.766
吃水 T/m	6.156	0.248
方形系数 C_B	0.507	0.507
水线面系数 C_{WL}	0.777	0.777
湿表面面积 S/m^2	2995.5	4.861
排水体积 ∇/m^3	8391.4	0.549
浮心纵向位置 $L_{CB}/\% L_{PP}$	-0.518	-0.518

1. 优化问题定义

DTMB5415 船模是一艘中高速水面舰船标准模型,对于中高速船来说,船型对阻力性能的影响与航速密切相关,在不同速度范围内,船体外形对阻力的影响不仅程度上不同,甚至还有本质上的差别。因此所谓阻力性能优良的船型只是对一定速度范围而言,即优良的船型将随速度而异,中速时阻力性能良好的船型,在高速时可能反而不佳,特别是对于利用球艏产生有利波系干扰达到减小兴波阻力的一些中高速船型来说,这种情况尤为明显。因此,采用多个航速下的多目标优化来完成 DTMB5415 标准模型的船型优化设计,以期获得在较大航速范围内,阻力均有较大收益的最优设计方案。

1) 目标函数

在整个航速范围内,针对 DTMB5415 球艏开展多设计点的优化设计,需要选择适当的若干个航速下的总阻力作为目标函数,在选择之前,首先对目标船 DTMB5415 船模在整个傅汝德数下的阻力曲线进行了分析。

由于该舰船球艏构型优化主要目的是减小船模的剩余阻力,因此仅对 DTMB5415 船模的剩余阻力随傅汝德数变化曲线进行分析。图 4.2 给出了 DTMB5415 船模剩余阻力系数的水池模型试验结果,从图中可以看出,剩余阻力系数随傅汝德数变化曲线可大致分为三段,分别为① $0.10 < Fr < 0.23$;② $0.23 < Fr < 0.35$;③ $0.37 < Fr < 0.45$;每段的剩余阻力系数随傅汝德数的变化率基本相同,即曲线的"斜率"基本相同;且斜率随着傅汝德数的增加而逐渐增大。根据以上特点,可分别在每段曲线上选择一个傅汝德数对应的阻力作为目标函数,选择 $Fr_1 = 0.17$、$Fr_2 = 0.28$、$Fr_3 = 0.37$ 共 3 个傅汝德数对应的阻力作为目标函数,即

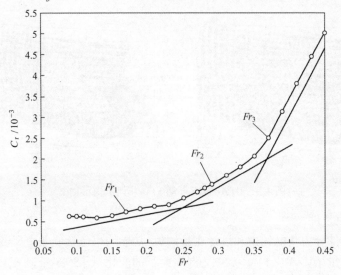

图 4.2 DTMB5145 船模的剩余阻力随傅汝德数的变化曲线

$$\begin{cases} F_1 = R_{t1}/R_{t1\text{org}} \\ F_2 = R_{t2}/R_{t2\text{org}} \\ F_3 = R_{t3}/R_{t3\text{org}} \end{cases} \tag{4.1}$$

式中：$R_{t1\text{org}}$、$R_{t2\text{org}}$、$R_{t3\text{org}}$ 分别为目标船在 $Fr = 0.17$、$Fr = 0.28$、$Fr = 0.37$ 时的总阻力；R_{t1}、R_{t2}、R_{t3} 分别为优化过程中可行设计方案在 $Fr = 0.17$、$Fr = 0.28$、$Fr = 0.37$ 时的总阻力。

2) 设计变量

球艏几何重构采用 FFD 方法，即将整个球艏区域水线以下部分归一化后，装入一个正方体中，该正方体共有 64 个控制点，选择 5 组控制点，每组控制点分别作为一个设计变量，共计 5 个设计变量，第 1 组和第 2 组控制点（x_1、x_2）沿 X 轴方向运动，实现球艏的 X 方向重构（球艏纵向伸缩变形）；第 3、第 4 组控制点（y_1、y_2）沿 Y 轴方向运动，实现球艏的 Y 向重构（球艏横向变形）；第 5 组控制点（z_1）沿 Z 轴方向运动，实现球艏的 Z 向重构（球艏垂向变形），具体重构示意图如图 4.3 所示。

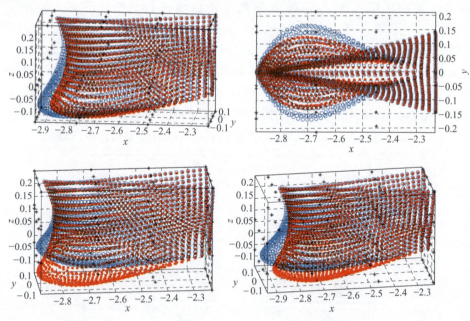

图 4.3　DTMB5415 球艏 FFD 几何重构示意图

3) 约束条件

约束条件分为功能约束和设计变量约束：功能约束包括船舶主尺度不变，排水体积的变化量 $|\Delta'/\Delta - 1| < 0.5\%$、湿表面积的变化量 $|S'/S - 1| < 1\%$。表 4.3 为设计变量约束范围。

表 4.3　设计变量约束范围

设计变量 v	x_1	x_2	y_1	y_2	z_1
下限($100\times v/L$)	-0.08	-0.10	-0.20	-0.20	-0.10
上限($100\times v/L$)	0.15	0.10	0.25	0.25	0.40

2. 优化结果与分析

1) 优化设计结果

3个目标函数在优化过程中的收敛过程及最优解集如图 4.4 所示。

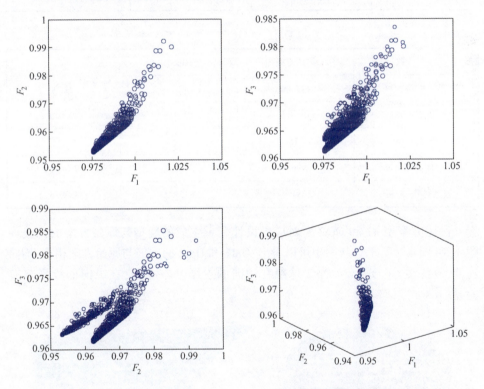

图 4.4　目标函数 F_1、F_2、F_3 解集(Pareto 前沿)

从图 4.4 可知:对于 DTMB5415 球艏构型的多设计点优化设计,3 个目标函数的收敛趋势基本一致,Pareto 前沿的形状几乎呈现为一点,最终的 Pareto 最优解集包含两个最优解 Opt1 和 Opt2,这两个最优解在 3 个航速下的阻力收益及其所对应的设计变量也差别不大,2 个最优解对应的目标函数、设计变量及功能约束条件如表 4.4 所示。

2) 优化设计结果分析

(1) 主尺度参数及剖面线型对比。表 4.5 为优化方案 Opt1 和 Opt2 与原始方案主尺度参数。

表 4.4 最优解对应的目标函数、设计变量及功能约束条件

最优解	参　　数									
	F_1	F_2	F_3	x_1	x_2	y_1	y_2	z_1	$\dfrac{S'-S}{S}$	$\dfrac{\Delta'-\Delta}{\Delta}$
Opt1	0.981	0.952	0.964	0.131	−0.022	−0.125	0.105	0.361	−0.68%	−0.36%
Opt2	0.974	0.962	0.969	0.131	−0.014	−0.178	0.087	0.321	−0.70%	−0.38%

表 4.5 优化方案 Opt1 和 Opt2 与原始方案主尺度参数

参　　数	原始方案	Opt1	Opt2
水线长 L_{WL}/m	142.00	142.00	142.00
型宽 B/m	19.015	19.015	19.015
吃水 T/m	6.156	6.156	6.156
湿表面积 S/m²	2995.5	2975.1	2974.5
排水体积 ∇/m³	8391.4	8361.2	8359.6

优化方案 Opt1 和 Opt2 所对应的设计变量生成的船型与原始方案的比较如图 4.5~图 4.7 所示。从图中可以看出：Opt1 和 Opt2 的球艏与原始方案相比，均向前伸、浸深变小；Opt1 和 Opt2 球艏在侧向的投影基本相同，在纵向的投影略有差异。

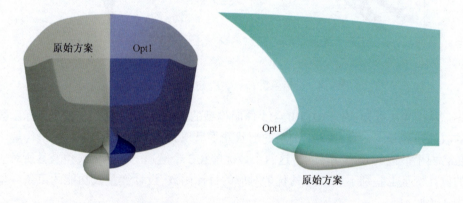

图 4.5 优化方案 Opt1 和原始方案的外形图

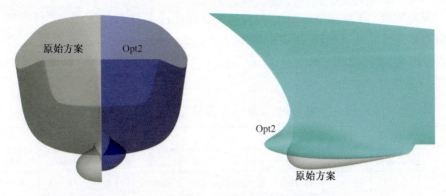

图 4.6 优化方案 Opt2 和原始方案的外形图

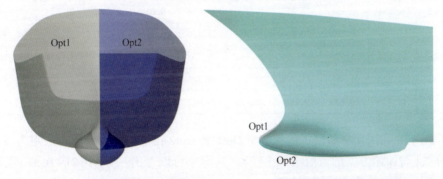

图 4.7 优化方案 Opt1 和 Opt2 的外形图

（2）阻力收益对比。表 4.6 给出了优化方案 Opt1 与原始方案在傅汝德数 $Fr=0.15\sim0.37$ 范围内的模型阻力数值计算结果比较,从表中可知:3 个设计点的总阻力收益分别为 3.80%、5.98% 和 4.70%。在整个傅汝德数范围内,剩余阻力的收益十分显著,特别是在 $Fr=0.21\sim0.28$ 时,剩余阻力减小了 20% 左右,而摩擦阻力减小在 1% 以内(湿表面积略有减小)。

表 4.6 优化方案 Opt1 与原始方案模型阻力数值计算结果比较

Fr	R_r /N			R_f /N			R_t /N		
	原始方案	Opt1	比较	原始方案	Opt1	比较	原始方案	Opt1	比较
0.15	2.644	2.312	-12.55%	9.212	9.131	-0.88%	11.856	11.443	-3.48%
0.17	3.697	3.199	-13.46%	11.640	11.555	-0.73%	15.337	14.754	-3.80%
0.21	6.230	4.976	-20.14%	17.170	17.041	-0.75%	23.400	22.016	-5.91%
0.25	10.401	8.235	-20.82%	23.550	23.423	-0.54%	33.951	31.658	-6.75%
0.28	14.176	11.725	-17.29%	29.843	29.661	-0.61%	44.019	41.386	-5.98%
0.33	24.834	21.300	-14.23%	40.502	40.320	-0.45%	65.336	61.620	-5.69%
0.37	40.735	36.646	-10.04%	50.128	49.947	-0.36%	90.863	86.593	-4.70%

表 4.7 给出了优化方案 Opt2 与原始方案在傅汝德数 $Fr = 0.15 \sim 0.37$ 范围内的阻力数值计算结果比较,从表中可知:3 个设计点的总阻力收益分别为 4.50%、5.87% 和 4.54%,低速($Fr = 0.15$ 和 $Fr = 0.17$)时,Opt2 的总阻力收益比 Opt1 略大。

表 4.7　优化方案 Opt2 与原始方案模型阻力数值计算结果比较

Fr	R_r/N			R_f/N			R_t/N		
	原始方案	Opt2	比较	原始方案	Opt2	比较	原始方案	Opt2	比较
0.15	2.644	2.242	-15.19%	9.212	9.123	-0.97%	11.856	11.365	-4.14%
0.17	3.697	3.105	-16.00%	11.640	11.541	-0.85%	15.337	14.647	-4.50%
0.21	6.230	4.868	-21.87%	17.170	17.056	-0.66%	23.400	21.924	-6.31%
0.25	10.401	8.240	-20.82%	23.550	23.426	-0.53%	33.951	31.666	-6.73%
0.28	14.176	11.726	-17.29%	29.843	29.708	-0.45%	44.019	41.434	-5.87%
0.33	24.834	21.408	-13.79%	40.502	40.328	-0.43%	65.336	61.736	-5.51%
0.37	40.735	36.829	-9.59%	50.128	49.912	-0.43%	90.863	86.741	-4.54%

图 4.8 和图 4.9 给出了优化方案 Opt1 和 Opt2 在不同傅汝德数时的阻力减小百分数(与原始方案的数值结果比较)。从图中可以看出:$Fr = 0.21 \sim 0.37$ 时,在计算原始方案的数值计算偏差后,总阻力仍有显著的收益,均在 4% 以上。

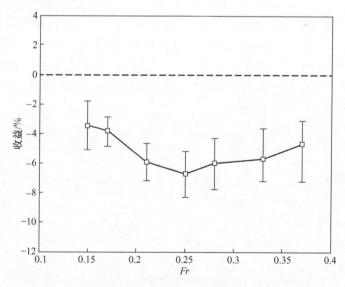

图 4.8　优化方案 Opt1 在不同傅汝德数时的阻力减小百分数
(图中竖线表示原始方案数值计算结果与模型试验结果的偏差范围)

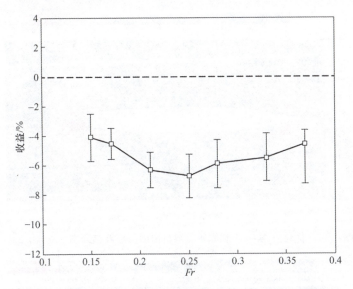

图 4.9 优化方案 Opt2 在不同傅汝德数时的阻力减小百分数
(图中竖线表示原始方案数值计算结果与模型试验结果的偏差范围)

(3) 自由面兴波对比。图 4.10~图 4.15 给出了两个优化方案与原始方案在不同航速下自由面兴波云图比较,由图中可知:$Fr = 0.28$ 时,两个优化方案的自由面兴波波幅较原始方案均有所减小;$Fr = 0.17$ 和 $Fr = 0.37$ 时,两个优化方案的自由面兴波波幅与原始方案基本相同。

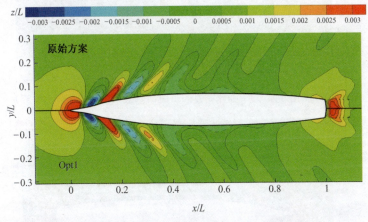

图 4.10 优化方案 Opt1 和原始方案自由面兴波波幅云图 ($Fr = 0.17$)

(4) 船体压力分布对比。图 4.16~图 4.18 分别为两个优化方案与原始方案在三个设计点时的船体艏部表面动压力系数云图,从图中可以看出两个优化方案的艏部表面动压力梯度明显小于原始方案。

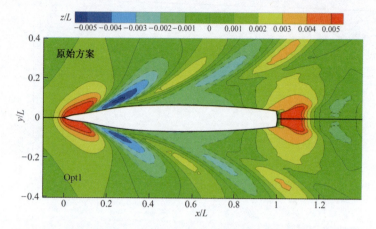

图 4.11 优化方案 Opt1 和原始方案自由面兴波波幅云图（$Fr = 0.28$）

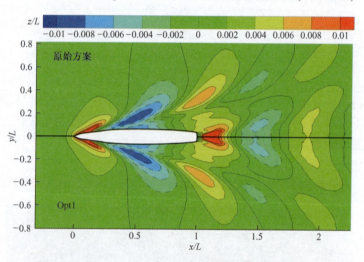

图 4.12 优化方案 Opt1 和原始方案自由面兴波波幅云图（$Fr = 0.37$）

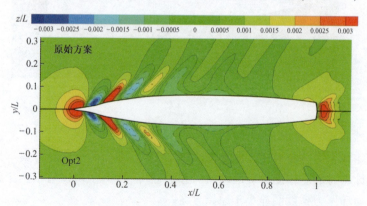

图 4.13 优化方案 Opt2 和原始方案自由面兴波波幅云图（$Fr = 0.17$）

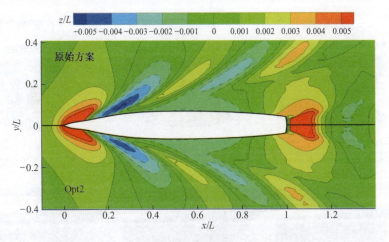

图 4.14 优化方案 Opt2 和原始方案自由面兴波波幅云图（$Fr=0.28$）

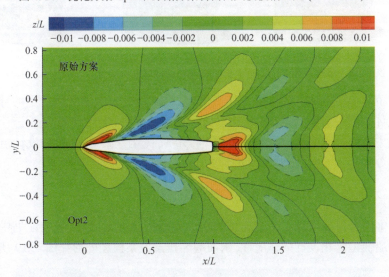

图 4.15 优化方案 Opt2 和原始方案自由面兴波波幅云图（$Fr=0.37$）

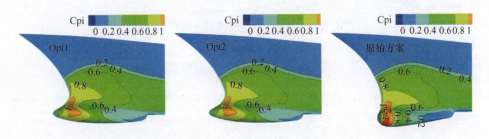

图 4.16 优化方案 Opt1、Opt2 和原始方案艏部表面压力分布云图（$Fr=0.17$）

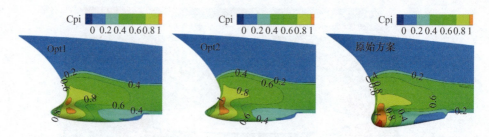

图 4.17 优化方案 Opt1、Opt2 和原始方案艏部表面压力分布云图($Fr=0.28$)

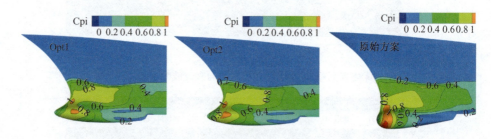

图 4.18 优化方案 Opt1、Opt2 和原始方案艏部表面压力分布云图($Fr=0.37$)

本节以 DTMB5415 标准模型作为优化设计对象,完成了多航速下的球艏构型优化设计,获得的两个优化方案经数值计算确认表明:优化方案 Opt1 三个设计点的总阻力收益分别为 3.80%、5.98% 和 4.70%,优化方案 Opt2 三个设计点的总阻力收益分别为 4.50%、5.87% 和 4.54%。

4.1.2 水面舰船阻力性能最优驱动的船型优化设计

本书结合科研设计了一个典型的水面舰船概念方案,以此来验证书中方法对现代舰船船型优化设计的适应性,水面舰船概念方案模型外形如图 4.19 所示。

图 4.19 水面舰船概念方案模型外形示意图

1. 优化问题定义

1)目标函数

选择设计航速($Fr=0.38$)和巡航速度($Fr=0.23$)时的模型阻力作为目标函数,即

$$\begin{cases} F_1 = R_{t1}/R_{t1\text{org}} \\ F_2 = R_{t2}/R_{t2\text{org}} \end{cases} \tag{4.2}$$

式中：R_{t1org}、R_{t2org} 分别为目标船在 $Fr=0.23,0.38$ 时的模型总阻力；R_{t1}、R_{t2} 分别为优化过程中可行设计方案在 $Fr=0.23,0.38$ 时的模型总阻力。

2）设计变量

采用基于几何造型技术的 FFD 方法实现船体几何重构,同时在艏部声呐罩附近的设计变量进行局部加密处理,选择 8 个控制点作为一组设计变量,整船共 20 个设计变量,具体如图 4.20 所示。

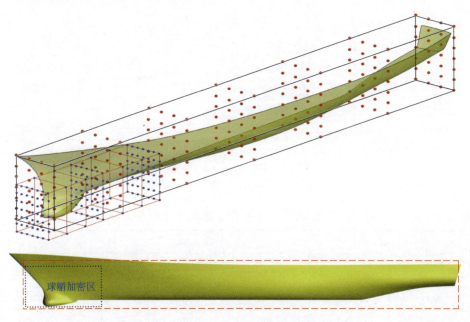

图 4.20　舰船主船体及球艏几何重构区域

3）约束条件

约束条件分为设计变量约束和功能约束:船舶主尺度保持不变,排水体积的变化量为 $|\Delta'/\Delta - 1| < 0.8\%$、浮心位置的变化量为 $|L'_{CB} - L_{CB}| < 1$、湿表面积的变化量为 $|S'/S - 1| < 0.5\%$。

2. 优化结果分析与验证

1）优化设计结果

优化目标函数的解集如图 4.21 所示,从图中可知:最优解集("■")的 Pareto 前沿呈现"凸形";表明两个目标函数之间存在"相互矛盾":设计航速下的总阻力收益越大,巡航速度下的总阻力收益则越小,甚至没有收益,总阻力反而有所增加。这一现象表明了对于某些水面舰船(中高速船)来说,船型对阻力性能的影响是与航速密切相关的,在不同速度范围内,船体外形对阻力的影响程度不同,并且可能存在相反趋势。综合考虑阻力性能优化效果和约束,选取了 Opt1 和 Opt2 两个最优解,最优解对应的目标函数及功能约束条件如表4.8所示。

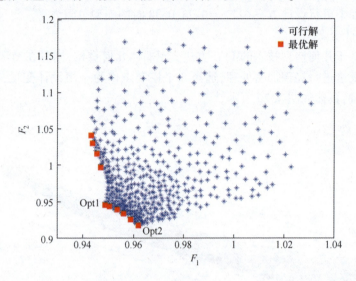

图 4.21 目标函数解集(Pareto 前沿)

表 4.8 最优解对应的目标函数及功能约束条件

最优解	参 数				
	F_1	F_2	$\dfrac{S'-S}{S}$	$\dfrac{\Delta'-\Delta}{\Delta}$	L'_{CB}
Opt1	0.949	0.945	-0.68%	-0.36%	-0.857
Opt2	0.962	0.917	-0.70%	-0.38%	-0.155

2) 优化设计结果分析

(1) 优化方案剖面线型对比。优化方案 Opt1 所对应的设计变量生成的船型与原始方案的比较如图 4.22 所示。从图中可以看出:船体艏部的线型比原始方案向外扩张,艉部线型较原始方案向内收缩,但船尾靠近基线附近的线型略向下扩张。优化设计方案的球艏较原始方案略有前伸,并且球艏的浸深较原始方案略有减小。

图 4.22 优化方案 Opt1 和原始方案的外形图

(2) 优化方案阻力收益对比。表 4.9 给出了优化方案 Opt1 与原始方案在傅汝德数 $Fr=0.13\sim0.44$ 范围内的阻力数值计算结果比较,从表中可知:设计航速和巡航速度下的模型总阻力系数收益分别为 5.1% 和 5.5%,在傅汝德数 $Fr=0.128\sim0.435$ 范围内,模型总阻力的收益基本上在 5% 左右;而剩余阻力系数的收益十分显著,大多在 10% 以上,最高达到 15.7%。

表 4.9 优化方案 Opt1 与原始方案阻力数值计算结果比较

Fr	$1000C_r$			$1000C_t$		
	原始方案	Opt1	比较	原始方案	Opt1	比较
0.13	1.087	0.953	−12.3%	4.338	4.185	−3.5%
0.18	1.591	1.341	−15.7%	4.669	4.398	−5.8%
0.23	1.472	1.249	−15.1%	4.428	4.186	−5.5%
0.28	1.435	1.246	−13.2%	4.300	4.092	−4.8%
0.33	1.204	1.042	−13.5%	3.994	3.814	−4.5%
0.36	1.420	1.261	−11.2%	4.179	4.002	−4.2%
0.38	1.975	1.753	−11.2%	4.704	4.464	−5.1%
0.41	2.639	2.380	−9.8%	5.342	5.064	−5.2%
0.44	3.229	2.971	−8.0%	5.906	5.631	−4.7%

(3) 优化方案自由面兴波对比。图 4.23~图 4.26 给出了优化方案 Opt1 与原始方案在不同航速下自由面兴波波幅云图的比较,由图中可知:优化方案的艉部兴波波幅比原始方案均有较大幅度的减小。在 $Fr\leqslant0.28$ 时,优化方案艏部兴波较原始方案有明显的改善,波谷和波峰的幅值减小。在 $Fr\geqslant0.33$ 时,随着速度的增加,优化方案艏部兴波波幅逐渐大于原始方案。

图 4.23 优化方案 Opt1 和原始方案自由面兴波波幅云图 ($Fr=0.23$)

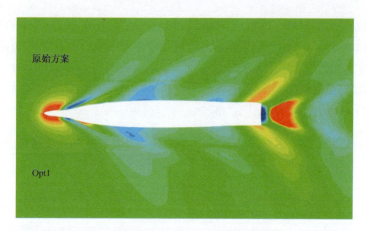

图 4.24　优化方案 Opt1 和原始方案自由面兴波波幅云图（$Fr = 0.28$）

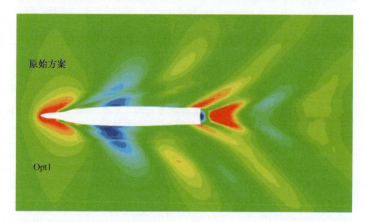

图 4.25　优化方案 Opt1 和原始方案自由面兴波波幅云图（$Fr = 0.33$）

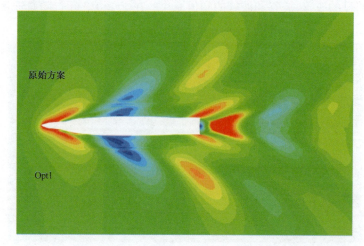

图 4.26　优化方案 Opt1 和原始方案自由面兴波波幅云图（$Fr = 0.38$）

4.1.3 水面舰船适航性最优驱动的船型优化设计

4.1.2 节介绍了以阻力性能最优为目标的水面舰船船型优化设计,获得了很好的优化设计结果,展现了"方法"的适应性。本节以适航性最优为目标,开展该水面舰船船型优化设计,来展现"方法"在船舶波浪增阻为运动响应性能优化方面的能力。

1. 优化问题定义

在进行计及波浪条件的船型优化设计时,必须选取合适船舶波浪中阻力与运动响应的评价指标(优化衡准),来判断船型性能的好坏,要求选取的评价方法在准确、有效、可靠的同时,能够尽量节约所需的计算时间。

本书主要开展船型精细优化,船舶主尺度保持不变,可近似认为船型变化前后发生最大运动响应时对应的波长基本保持不变,那么对不同优化船型均进行该波长下的航行状态计算,可以近似得到各优化船型方案的垂荡和纵摇运动的最大值,以此来判断运动性能的好坏。同时计算中还得到了各船型方案在该波浪条件下的阻力情况,虽然此时并不一定处于阻力峰值处,但结果仍具有相互比较的价值。因此,以船舶运动响应最大时的运动幅值和波浪中的平均阻力 $\bar{R}_W$ 作为评价指标。

顶浪规则波中船舶的垂荡和纵摇运动如下:

$$\begin{cases} z = z_0 + z_a \cos(\omega_e t + \varepsilon_z) \\ \theta = \theta_0 + \theta_a \cos(\omega_e t + \varepsilon_\theta) \end{cases} \tag{4.3}$$

式中: z_a 和 θ_a 分别为垂荡幅值和纵摇幅值; ω_e 为船模遭遇频率。

无量纲化的垂荡和纵摇表达式为 $z''_a = \dfrac{z_a}{A}, \theta''_a = \dfrac{\theta_a}{kA}$。

1) 目标函数

由于在 $Fr=0.38$ 时,该船规则波中最大运动响应发生在波长约为 1.25 倍船长附近,因此选择顶浪、波长 1.25L(波高 0.01L)时,船舶在波浪中的平均阻力及垂荡和纵摇幅值作为优化目标。

$$\begin{cases} F_1 = \bar{R}_w / \bar{R}_{worg} \\ F_2 = Z_a / Z_{aorg} \\ F_3 = \theta_a / \theta_{aorg} \end{cases} \tag{4.4}$$

式中: $\bar{R}_{worg}$、Z_{aorg}、θ_{aorg}、$\bar{R}_w$、Z_a、θ_a 分别为目标船及优化方案的平均阻力、垂荡幅值、纵摇幅值。

2) 设计变量

球艏对船舶在波浪中阻力与运动性能的影响十分显著,在船体几何重构时,船舶整体与局部敏感区域(球艏)应同时统一考虑。因此采用整体与局部相结合的重构方法实现其几何外形重构,如图4.27所示。

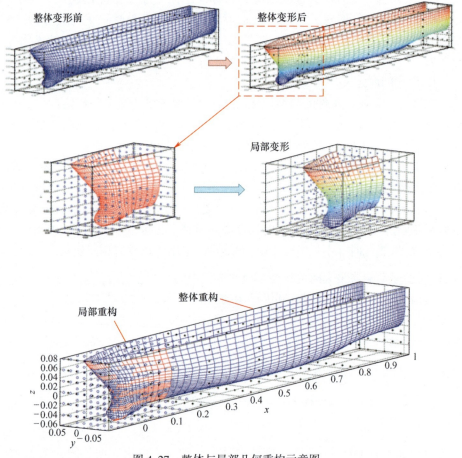

图 4.27 整体与局部几何重构示意图

3) 约束条件

约束条件分为设计变量约束和功能约束:船舶主尺度保持不变,排水体积的变化量为 $|\Delta'/\Delta - 1| < 3\%$、浮心位置的变化量为 $|L'_{CB}/L_{CB} - 1| < 5\%$。

2. 优化结果分析与验证

1) 优化设计结果

在波浪阻力与运动响应多目标优化设计中,优化算法的相关参数:种群中粒子数 $M=36$;学习因子 $c_1=c_2=2.0$;惯性权重 $w_{max}=0.9$,$w_{min}=0.3$;迭代步数 $N=10$。

优化结果 Pareto 最优解集如表 4.10 所示。可以看出:表中的 6 个方案为符合约束条件下最优解集,综合考虑约束条件的变化程度以及目标函数的收益,选择最优解集中的 Opt1 作为最终优化设计方案,最终优化设计方案波浪中阻力减小了

3.2%,垂荡和纵摇幅值分别减小 8.3%和 6.4%,排水量增加 0.5%,浮心位置前移 4.2%。

表 4.10 优化解集对应的目标函数和约束条件

最优解	F_1	F_2	F_3	$(\Delta' - \Delta)/\Delta$	$(L'_{CB} - L_{CB})/L_{CB}$
Opt1	0.968	0.917	0.934	0.5%	−4.2%
Opt2	0.982	0.897	0.943	1.0%	−3.3%
Opt3	0.986	0.941	0.931	2.0%	−4.5%
Opt4	0.987	0.883	0.945	1.6%	−3.0%
Opt5	0.988	0.909	0.940	1.7%	−3.2%
Opt6	0.996	0.885	0.938	3.0%	−3.1%

2) 优化设计结果分析

(1) 优化方案剖面线型对比。优化方案所对应的设计变量生成的船型与原始方案的比较如图 4.28 所示。从图中可以看出:优化方案的主尺度保持不变,船体艏部与原始方案相比变宽,球艏位置前伸,大小基本保持不变;尾部变窄,排水量略微增加。

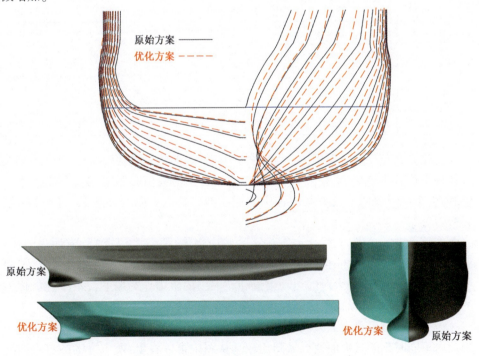

图 4.28 优化方案和原始方案外形对比图

（2）波浪中阻力与运动响应结果比较。船舶波浪中阻力与运动响应优化设计是以船舶运动响应最大时的运动幅值和波浪中的阻力作为船舶波浪中性能优劣的评价指标。即选择船舶傅汝德数 $Fr=0.38$ 时，顶浪、波长 $1.25L$、波高 $0.01L$ 条件下波浪中阻力及垂荡和纵摇幅值作为评价不同船型方案在波浪中的阻力性能与运动性能优劣的指标。该方法获得的优化方案在不同波长条件下的阻力性能与运动响应是否也优于原始方案，还需进一步验证确认。为此，针对优化方案和原始方案计算了 $Fr=0.38$、规则波波幅 A_0 为 $0.01L$、波长为 0.75、1.00、1.25、1.50、1.75 和 2.00 倍船长时的船舶阻力与垂荡纵摇幅值。

表 4.11 为原始方案和优化方案在顶浪规则波中阻力与运动响应计算结果及其比较。从表中可以看出：$Fr=0.38$ 时，优化方案波浪中阻力峰值出现在 1.25 倍波长处，此时波浪中阻力减小 3.4%，而在其他波长时，优化方案的减阻效果不明显（$\lambda/L=1.5$ 时，阻力增加 1.5%）。

表 4.11　优化方案与目标船在波浪中的阻力与运动响应幅值比较

A_0	λ/L	$\overline{R}_W/N$			z''_a			$\theta_a/(°)$		
		原始方案	优化方案	比较	原始方案	优化方案	比较	原始方案	优化方案	比较
0.01	0.50	51.958	52.088	0.25%	0.146	0.140	−4.28%	0.167	0.160	−4.19%
	1.00	57.984	57.438	−0.94%	0.791	0.742	−6.21%	0.907	0.861	−5.07%
	1.25	72.627	70.152	−3.41%	1.378	1.264	−8.32%	1.579	1.475	−6.59%
	1.50	58.249	59.114	1.49%	1.168	1.142	−2.20%	1.339	1.309	−2.24%
	1.75	59.245	58.971	−0.46%	1.084	1.022	−5.72%	1.242	1.171	−5.72%
	2.00	53.387	53.746	0.67%	1.012	0.986	−2.60%	1.159	1.129	−2.59%

优化方案与原始方案相比，运动幅值响应函数形状一致，但运动幅度在不同波长条件下均有明显减小，在波长 $\lambda/L=1.25$ 时，垂荡幅值和纵摇幅值分别减小了 8.3% 和 6.6%，表明优化方案波浪中的运动响应要优于原始方案，如图 4.29～图 4.31 所示。

在整个波长范围内，优化方案的运动响应幅值（垂荡和纵摇）均有明显减小，而波浪中阻力仅在 1.25 倍波长处减阻明显（阻力减小 3.4%）。说明针对该类船舶，以船舶运动响应最大时的运动幅值和波浪中的阻力作为船舶波浪中性能优劣的评价指标，基本可以反映船舶在顶浪规则波中的阻力与运动性能。

（3）优化方案自由面兴波对比。图 4.32 给出了优化方案与原始方案在一个周期内不同时刻的自由面波形云图比较。从图中可以看出：两个方案的自由面波形云图形状差别不大，不同时刻的波幅略有差别。

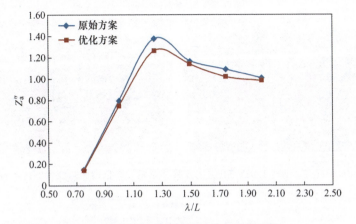

图 4.29 优化方案与原始方案垂荡传递函数及比较($Fr=0.38$)

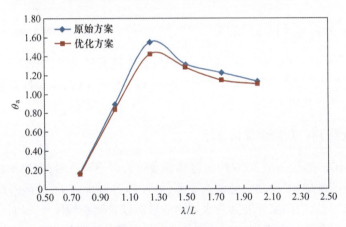

图 4.30 优化方案与原始方案纵摇传递函数及比较($Fr=0.38$)

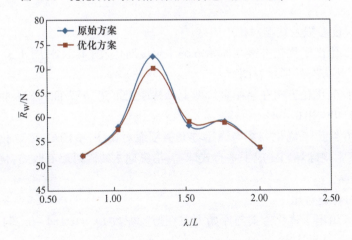

图 4.31 优化方案与原始方案平均阻力比较($Fr=0.38$)

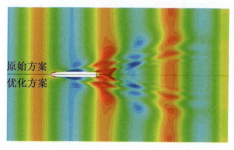 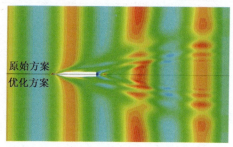

图 4.32　$t=0.50T$(左)和 $t=1.0T$(右)优化方案和原始方案自由面兴波云图比较($\lambda/L=1.50$)

4.2　科考调查船类

4.2.1　设计对象与优化问题定义

本节汇总了"蓝海101"船、"新实践"号、智能技术试验船、"探索一号"等四型科考调查类船舶的船型优化设计情况。表4.12~表4.13给出了四艘船舶优化设计问题的定义及其所采用的方法。

4.2.2　"蓝海101"船船型优化设计

"蓝海101"船是一型3000吨级海洋渔业综合科学调查船,主要承担渔业资源与渔业环境的常规、专项和应急调查监测、海洋综合调查和研究、涉外海域渔业资源环境调查、与周边国家开展共管水域渔业资源联合调查等任务,是目前国内最大的海洋渔业综合科学调查船之一。图4.33为该船实船照片,表4.14为该船主要船型参数。

1. 主尺度参数及线型对比

表4.15给出了优化方案与原始方案主尺度对比,图4.34和图4.35分别为原始方案和优化方案外形示意图。

由表可知,优化方案在船舶主尺度上维持原船不变,湿表面面积及排水体积分别减小了0.40%和0.49%。

图4.36给出了优化方案与原始方案横剖线对比图,由图可知:优化方案艏部由原始方案常规球鼻艏变成了垂直式球艏,沿纵向水线附近略有收缩,优化方案尾部沿垂向变宽。

2. 阻力收益对比

表4.16给出了优化方案与原始方案在傅汝德数$Fr=0.184\sim0.294$范围内的阻力数值计算结果比较。

表 4.12 "蓝海 101"船和"新实践"号船优化问题定义

优化问题要素	"蓝海 101"船	"新实践"号船
目标函数	设计航速 V_s = 14.5kn(Fr = 0.267)下的模型总阻力最优; 目标函数:$F = R_t/R_{torg}$; R_{torg} 为目标船总阻力,R_t 为优化过程中可行设计方案总阻力	设计航速 V_s = 16kn(Fr = 0.279)下的模型总阻力最优; 目标函数:$F = R_t/R_{torg}$
目标函数评估方法	自研求解器(RANS 方法),网格自适应	
几何重构/设计变量	FFD 方法:主船体 8 个设计变量,艏部 6 个设计变量,共 14 个设计变量	FFD 方法:艏部 6 个设计变量,艉部 6 个设计变量,共 12 个设计变量
约束条件	船舶主尺度(长、宽、吃水)不变	
	排水体积:$|\Delta'/\Delta - 1| < 0.5\%$,湿表面积:$|S'/S - 1| < 0.5\%$	排水体积:$|\Delta'/\Delta - 1| < 1.0\%$,湿表面积:$|S'/S - 1| < 1.0\%$
优化算法	IPSO 粒子群优化算法(种群数:40 个,迭代次数:12 次,优化设计用时:8 天,使用节点数:5 个)	

表 4.13 智能技术试验船和"探索一号"船优化问题定义

优化问题要素	智能技术试验船	"探索一号"船
目标函数	设计航速 $V_s=15\text{kn}(Fr=0.243)$ 下的模型总阻力最优以及该航速对应下的螺旋桨盘面流场品质最优; 目标函数: $F_1=R_t/R_{\text{torg}}$ $F_2=W_t/W_{\text{torg}}$ R_{torg} 为目标船总阻力, R_t 为优化过程中可行设计方案总阻力; W_{torg}, W_t 为目标船和优化过程中可行方案的轴向无因次速度不均匀度值	设计航速 $V_s=12\text{kn}(Fr=0.203)$ 下的模型总阻力最优; 目标函数: $F=R_t/R_{\text{torg}}$ R_{torg} 为目标船的阻力, R_t 为优化过程中可行设计方案的总阻力
目标函数评估方法	自研求解器(RANS 方法), 网格自适应	
几何重构/设计变量	FFD 方法: 整船设置 20 个设计变量 船舶主尺度(长、宽、吃水)不变	FFD 方法: 舯前区域设置 12 个设计变量
约束条件	排水体积: $|\Delta'/\Delta - 1|<1.2\%$, 湿表面积: $|S'/S-1|<0.5\%$	排水体积: $|\Delta'/\Delta-1|<1\%$, 湿表面积: $|S'/S-1|<1\%$
优化算法	MOPSO 粒子群优化算法(种群数:50 个, 迭代次数:12 次, 优化设计用时:10 天, 使用节点数:10 个)	IPSO 粒子群优化算法(种群数:40 个, 迭代次数:12 次, 优化设计用时:8 天, 使用节点数:5 个)

图 4.33　3000 吨级海洋渔业综合科学调查船实船照片

表 4.14　"蓝海 101"船主尺度

参数	符号	单位	实船
总长	L_{PP}	m	84.500
型宽	B	m	15.000
型深	H	m	8.000
吃水	T	m	5.000
方形系数	C_B	—	0.545
水线面系数	C_{WL}	—	0.822
湿表面面积	S	m²	1344.6
排水体积	∇	m³	3188.3
浮心纵向坐标	X_B	m	-1.986

表 4.15　原始方案与优化方案船型主要尺度参数对比

参数	符号	单位	原始方案	优化方案	对比
总长	L_{PP}	m	84.500	84.500	—
型宽	B	m	15.000	15.000	—
吃水	T	m	5.000	5.000	—
湿表面面积	S	m²	1350.0	1344.6	-0.40%
排水体积	∇	m³	3204.0	3188.3	-0.49%

图 4.34 原始方案外形示意图

图 4.35 优化方案外形示意图

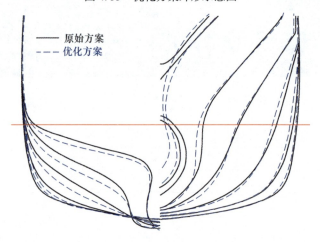

图 4.36 优化方案和原始方案横剖线对比

由表 4.16 可知,在设计航速下,优化方案比原始方案模型总阻力系数减小了 11.5%,剩余阻力系数减小了 25.6%;表中还给出了其他航速时的阻力结果对比,可以看出收益十分显著,低速(Fr = 0.202,对应实船航速 V_s = 11kn)时剩余阻力系数减小了 32%。

表 4.16 优化方案与原始方案模型阻力数值计算结果比较

Fr	V_s/kn	$1000C_t$			$1000C_r$		
		原始方案	优化方案	比较	原始方案	优化方案	比较
0.184	10.0	6.109	5.345	−12.5%	2.729	1.965	−28.0%
0.202	11.0	5.938	5.100	−14.1%	2.617	1.779	−32.0%
0.221	12.0	5.699	4.971	−12.8%	2.430	1.702	−30.0%
0.239	13.0	5.658	4.993	−11.8%	2.436	1.771	−27.3%
0.258	14.0	5.592	4.960	−11.3%	2.413	1.781	−26.2%
0.267	14.5	5.717	5.062	−11.5%	2.558	1.903	−25.6%

续表

Fr	V_s/kn	1000C_t			1000C_r		
		原始方案	优化方案	比较	原始方案	优化方案	比较
0.276	15.0	5.807	5.373	−7.5%	2.667	2.233	−16.3%
0.294	16.0	6.406	5.899	−7.9%	3.301	2.794	−15.4%

3. 自由面兴波对比

图 4.37~图 4.40 分别为优化方案与原始方案在航速 $V_s = 11 \sim 14.5$kn 下的自由面波形对比图。

图 4.37 优化方案和原始方案自由面兴波波幅云图($V_s = 11$kn)

图 4.38 优化方案和原始方案自由面兴波波幅云图($V_s = 12$kn)

图 4.39 优化方案和原始方案自由面兴波波幅云图($V_s = 13$kn)

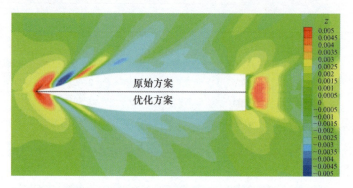

图 4.40　优化方案和原始方案自由面兴波波幅云图(V_s = 14.5kn)

由图 4.37~图 4.40 可知,优化方案的自由面兴波波幅在不同航速下与原始方案相比均得到大幅减小,表明优化方案兴波阻力小于原始方案。对比设计航速 V_s = 14.5kn 时的原始方案和优化方案自由面兴波图,优化方案船艄后方的波峰和波谷基本消失,兴波波幅明显小于原始方案,表明在设计航速下优化方案的兴波阻力得到大幅改善,这也是总阻力显著减小的原因之一。

4. 水池模型试验验证

为了验证优化设计效果,针对原始方案和优化方案分别开展了拖曳水池阻力模型试验。图 4.41 和图 4.42 分别为原始方案和优化方案模型试验照片,表 4.17 为优化方案与原始方案剩余阻力系数与有效功率试验结果。

图 4.41　原始方案模型照片

图 4.42　优化方案模型照片

由表 4.18 可知,在全航速段范围内,优化方案模型阻力均有收益,中低速范围内的减阻效果较中高速段更加显著。在设计航速 14.5kn 时,优化方案模型剩余阻力系数较原始方案模型减小了 24.5%,有效功率降低了 13.4%,减阻效果显著。

表 4.17　优化方案与原始方案剩余阻力系数与有效功率试验结果比较

Fr	V_s/kn	$C_{rs}/10^{-3}$			P_e/kW		
		原始方案	优化方案	比较	原始方案	优化方案	比较
0.184	10.0	2.677	1.932	−27.8%	501.2	423.7	−15.5%
0.202	11.0	2.598	1.741	−33.0%	652.0	533.7	−18.1%
0.221	12.0	2.419	1.681	−30.5%	811.4	690.5	−14.9%
0.239	13.0	2.379	1.723	−27.6%	1018.8	867.9	−14.8%
0.258	14.0	2.430	1.759	−27.6%	1282.9	1099.0	−14.3%
0.267	14.5	2.465	1.862	−24.5%	1433.2	1241.9	−13.4%
0.276	15.0	2.629	2.185	−16.9%	1640.5	1484.6	−9.5%
0.294	16.0	3.243	2.748	−15.3%	2246.4	2035.3	−9.4%

图 4.43 和图 4.44 分别为原始方案和优化方案在设计航速为 14.5kn 时自由面波形的试验照片。

图 4.43　原始方案在设计航速 14.5kn 时的模型试验波形

图 4.44　优化方案在设计航速 14.5kn 时的模型试验波形

由模型试验结果可知,优化方案船艏兴波较原始方案兴波得到了大幅地改善,原始方案常规球艏上方的喷溅现象得到有效地控制,优化方案模型艏部波峰/波谷的面积与幅值都要优于原始方案模型,其水动压力沿船长方向的分布更加合理,波浪能的损耗更低,这是阻力显著减小的主要原因。

本节以3000吨级海洋渔业综合科学调查船为优化设计对象,设计航速时的总阻力作为优化目标,完成了该船的线型优化设计,从普通球艏构型方案自动寻优获得了一型球斧式船艏构型方案(申请发明专利:适用于中高速船舶的球斧式船艏,ZL201610879711.X)优化结果表明:在满足工程约束条件下,优化方案模型总阻力在设计航速减小了13.4%。

4.2.3 "新实践"号船船型优化设计

"新实践"号海洋综合科考船主要用于维护我国海洋权益、勘探和监测海洋环境、监督管理海域使用、加强海洋执法监察和进行海洋基础调查。图4.45为该船实船照片,表4.18为该船主要船型参数。

图4.45 "新实践"号船实船照片

表4.18 "新实践"号船主尺度

参数	符号	单位	实船
总长	L_{OA}	m	94.73
垂线间长	L_{PP}	m	86.38
型宽	B	m	14.00
型深	H	m	7.80
吃水	T	m	4.90
方形系数	C_B	—	0.5202
水线面系数	C_{WL}	—	0.787
湿表面面积	S	m^2	1381.5
排水体积	∇	m^3	3150.2

1. 主尺度参数及线型对比

表 4.19 给出了优化方案与原始方案主尺度对比,图 4.46 为原始方案和优化方案外形对比图。

表 4.19　原始方案与优化方案船型主要尺度参数对比

参数	符号	单位	原始方案	优化方案	对比
垂线间长	L_{PP}	m	86.38	86.38	—
型宽	B	m	14.00	14.00	—
吃水	T	m	4.90	4.90	—
湿表面面积	S	m^2	1395.15	1381.5	-0.98%
排水体积	∇	m^3	3168.50	3150.2	-0.58%

由表可知,优化方案在船舶主尺度上维持原船不变,湿表面面积及排水体积分别减小了 0.98% 和 0.58%。

图 4.46　优化方案和原始方案纵剖面外形对比图

图 4.47 给出了优化方案与原始方案横剖线对比图,由图可知:优化方案艏部及艉部比原始方案窄,船中区域比原始方案宽。

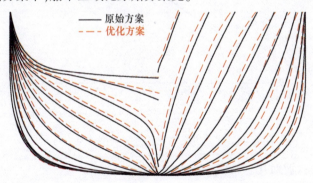

图 4.47　优化方案和原始方案横剖线对比

2. 阻力收益对比

表 4.20 给出了优化方案与原始方案在傅汝德数 $Fr = 0.244 \sim 0.314$ 范围内的模型阻力数值计算结果比较,图 4.48 给出了优化方案与原始方案不同航速下的模型总阻力曲线对比。

表4.20 优化方案与原始方案模型阻力数值计算结果比较(模型缩比 1∶16)

V_s/kn	Fr	R_t/N		比较	$C_r/10^{-3}$		比较
		原始方案	优化方案		原始方案	优化方案	
14.00	0.244	39.05	36.12	−7.5%	1.420	1.129	−20.5%
15.00	0.261	45.50	42.13	−7.4%	1.520	1.229	−19.1%
16.00	0.279	53.43	50.21	−6.0%	1.695	1.460	−13.9%
17.00	0.296	62.79	59.92	−4.6%	1.918	1.743	−9.1%
18.00	0.314	72.87	69.03	−5.3%	2.114	1.898	−10.2%

由表 4.20 可知,在设计航速下,优化方案较原始方案模型总阻力值减小了 6.0%,剩余阻力系数减小了 13.9%,表中还给出了其他航速时的阻力结果对比,可以看出减阻效果也十分显著。

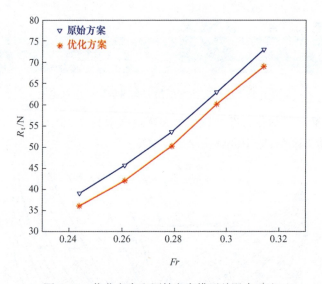

图 4.48 优化方案和原始方案模型总阻力对比

3. 自由面兴波对比

图 4.49 为优化方案与原始方案在设计航速 $V_s=16\text{kn}$ 下的自由面波形对比图,优化方案尾部兴波有明显改善。

4. 水池模型试验验证

为了验证上述优化设计结果的可靠性,在拖曳水池开展了原始方案和优化方案船模阻力模型试验。船模缩比为 1∶14,原始方案和优化方案模型照片如图 4.50 和图 4.51 所示。模型试验结果及其比较如表 4.21 所示。

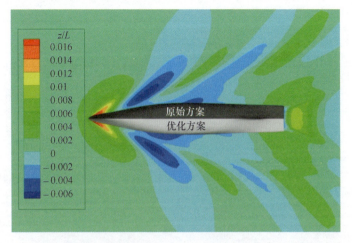

图 4.49　优化方案和原始方案自由面兴波波幅云图(V_s=16kn)

图 4.50　原始方案模型照片

图 4.51　优化方案模型照片

表 4.21　优化方案和原始方案模型阻力试验结果(模型缩比 1∶14)

Fr	V_m/(m/s)	R_t/N			$C_r/10^{-3}$		
		原始方案	优化方案	比较	原始方案	优化方案	比较
0.227	1.787	47.72	44.94	−5.8%	1.216	1.011	−16.9%
0.244	1.925	57.37	53.13	−7.4%	1.408	1.127	−20.0%
0.253	1.993	62.18	57.32	−7.8%	1.472	1.168	−20.6%

续表

Fr	V_m/(m/s)	R_t/N			$C_r/10^{-3}$		
		原始方案	优化方案	比较	原始方案	优化方案	比较
0.261	2.062	67.22	62.01	−7.7%	1.533	1.230	−19.8%
0.270	2.131	72.87	67.70	−7.1%	1.617	1.339	−17.2%
0.279	2.200	79.03	74.02	−6.3%	1.712	1.464	−14.5%
0.288	2.268	86.04	81.91	−4.8%	1.836	1.655	−9.9%
0.296	2.337	93.04	88.68	−4.7%	1.939	1.760	−9.2%
0.305	2.406	100.48	95.55	−4.9%	2.044	1.851	−9.5%
0.314	2.475	108.14	102.16	−5.5%	2.142	1.914	−10.6%

由原始方案和优化方案模型阻力试验结果可以看出:优化方案在全航速段范围下的总阻力均有大幅减小,设计航速 $Fr=0.279$ 时,模型总阻力减小 6.3%,剩余阻力系数减小了 14.5%;$Fr<0.279$ 时,模型总阻力减小了 7% 左右,剩余阻力系数减小了 17%~20%;$Fr>0.279$ 时,剩余阻力系数减小 10% 左右。换算到实船,总阻力减小幅度将进一步扩大(与模型相比,实船的摩擦阻力系数更小)。

图 4.52 和图 4.53 分别为原始方案和优化方案在设计航速为 16kn 时自由面波形的试验照片。

图 4.52 原始方案模型艏部和艉部试验波形(V_s=16kn)

本节以新实践号船作为设计对象,设计航速时的总阻力作为优化目标,开展了线型优化设计,优化结果经模型试验验证表明:在满足工程约束条件下,设计航速时优化方案模型总阻力减小了 6.3%。

4.2.4 智能技术试验船船型优化设计

智能技术试验船是一艘服务于无限航区的试验船,该船主要承担智能技术、智能设备和智能系统海上试验验证与示范应用,科学试验探测、设备布放回收与储运

图 4.53 优化方案模型艏部和艉部试验波形(V_s = 16kn)

等作业保障任务。图 4.54 为该船模型外形示意图,表 4.22 为该船主要船型参数。

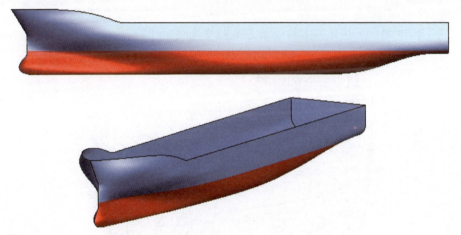

图 4.54 智能技术试验船模型外形示意图

表 4.22 智能技术试验船主尺度(λ = 16)

参数	符号	单位	实船	模型
总长	L_{OA}	m	110.80	6.925
垂线间长	L_{PP}	m	103.00	6.4375
型宽	B	m	20.00	1.2500
型深	H	m	9.70	0.6063
吃水	T	m	5.80	0.3625
方形系数	C_B	—	0.601	0.601
湿表面面积	S	m²	2356.51	9.205
排水体积	∇	m³	7225.70	1.764
浮心位置	L_{CB}	% L_{PP}	-1.698	-1.698

1. 主尺度参数及线型对比

表4.23给出了优化方案与原始方案主尺度对比,优化方案在船舶主尺度上保持不变,湿表面面积及排水体积分别减小了0.24%和1.15%。

表4.23 原始方案与优化方案船型主要尺度参数对比

参数	符号	单位	原始方案	优化方案	对比
垂线间长	L_{PP}	m	103.0	103.0	—
型宽	B	m	20.0	20.0	—
吃水	T	m	5.80	5.80	—
湿表面面积	S	m^2	2356.5	2350.7	-0.24%
排水体积	∇	m^3	7225.7	7142.5	-1.15%

图4.55给出了优化方案与原始方案船横剖线对比图,由图可知:优化方案艏部水线以下比原始方案宽,水线以上比原始方案窄,艉部比原始方案窄。

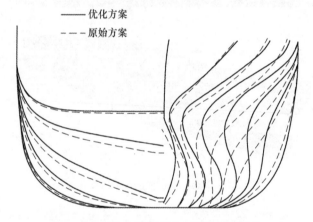

图4.55 优化方案和原始方案横剖线对比

2. 阻力和桨盘面流场对比

表4.24给出了优化方案与原始方案在航速9~18kn范围内的模型总阻力及桨盘面流场品质数值计算结果比较(图4.56)。

表4.24 优化方案与原始方案模型阻力及桨盘面流场品质数值计算结果比较

V_s/kn	Fr	R_t/N		比较	W_t		比较
		原始方案	优化方案		原始方案	优化方案	
9.0	0.146	25.903	24.057	-7.1%	1.641	1.371	-16.5%
10.0	0.162	31.762	29.197	-8.1%	1.622	1.363	-16.0%
11.0	0.178	38.482	34.915	-9.3%	1.612	1.358	-15.8%

续表

V_s/kn	Fr	R_t/N		比较	W_t		比较
		原始方案	优化方案		原始方案	优化方案	
12.0	0.194	46.050	41.162	−10.6%	1.599	1.352	−15.4%
13.0	0.210	54.775	48.510	−11.4%	1.588	1.350	−15.0%
14.0	0.227	65.049	57.372	−11.8%	1.562	1.341	−14.1%
15.0	0.243	76.934	69.170	−10.1%	1.534	1.330	−13.3%
16.0	0.259	93.935	83.644	−11.0%	1.531	1.333	−12.9%
17.0	0.275	119.143	105.998	−11.0%	1.541	1.347	−12.6%
18.0	0.291	150.884	135.983	−9.9%	1.558	1.367	−12.3%

由表 4.24 可知,优化方案在航速 15kn 时的模型总阻力比原始方案减小了 10.1%,桨盘面流场不均匀度减小了 13.3%;表中还给出了其他航速时的阻力及桨盘面流场不均匀度对比,可以看出在全航速段内优化效果均十分显著。

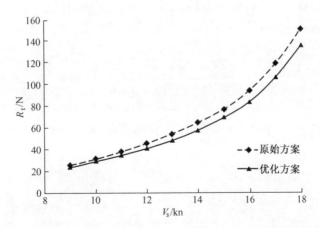

图 4.56 优化方案和原始方案模型总阻力对比曲线

3. 自由面兴波对比

图 4.57 和 4.58 为优化方案与原始方案在航速 12kn 和 15kn 下的自由面波形对比图,航速为 12kn 时,尾部兴波有所改善,15kn 时,兴波改善不明显。

4. 螺旋桨盘面流场对比

图 4.59 和图 4.60 给出了原始方案与优化方案在两个典型航速下桨盘面无因次轴向速度云图对比,从图中可以看出优化方案在桨盘面处轴向速度更加均匀,流场品质更好。

本节以智能技术试验船作为设计对象,设计航速时的总阻力与桨盘面流场品

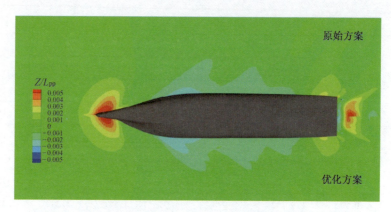

图 4.57　优化方案和原始方案自由面兴波波幅云图($V_s = 12\text{kn}$)

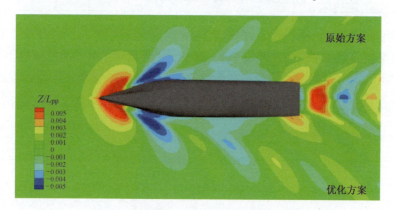

图 4.58　优化方案和原始方案自由面兴波波幅云图($V_s = 15\text{kn}$)

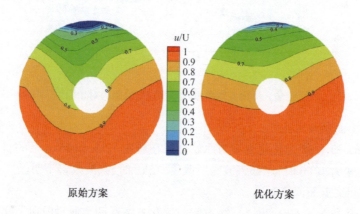

图 4.59　$V_s = 12\text{kn}$ 时桨盘面无因次轴向速度云图对比

质作为优化目标,开展了线型优化设计,优化结果表明:在满足工程约束条件下,优化方案模型总阻力在设计航速(15kn)时减小了 10.1%,在经济航速(12kn)时减小

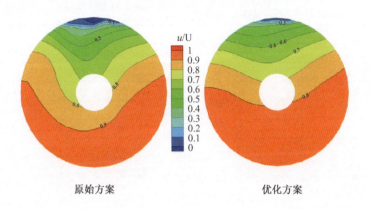

原始方案　　　　　　　　　　　优化方案

图 4.60　V_s = 15kn 时桨盘面无因次轴向速度云图对比

了 10.6%,优化方案模型螺旋桨盘面处流场品质在设计航速(15kn)时提高了 13.3%,在经济航速(12kn)时提高了 15.4%。

4.2.5 "探索一号"船船型优化设计

"探索一号"科考船作为深海科考通用平台,主要承担 4500m"深海勇士号"以及 11000m"奋斗者号"载人潜水器的保障支持、深海潜水器目标海域的科学研究和工程项目。图 4.61 为该船实船照片,表 4.25 为该船主要船型参数。

图 4.61　"探索一号"船实船照片

表 4.25 "探索一号"船主尺度

参数	符号	单位	实船
总长	L_{OA}	m	94.45
垂线间长	L_{PP}	m	89.60
型宽	B	m	17.90
型深	H	m	8.00
吃水	T	m	5.50
方形系数	C_B	—	0.675
水线面系数	C_{WL}	—	0.898
湿表面面积	S	m^2	2018.9
排水体积	∇	m^3	6250.5

1. 主尺度参数及线型对比

表 4.26 给出了优化方案与原始方案主尺度对比，图 4.62 为原始方案和优化方案舯前横剖线对比图。优化方案在船舶主尺度上维持原船不变，排水体积及湿表面面积分别减小了 0.58% 和 0.98%。

表 4.26 原始方案与优化方案船型主要尺度参数对比

参数	符号	单位	原始方案	优化方案	对比
垂线间长	L_{PP}	m	89.60	89.60	—
型宽	B	m	17.90	17.90	—
吃水	T	m	5.50	5.50	—
湿表面面积	S	m^2	2022.8	2018.9	−0.19%
排水体积	∇	m^3	6273.9	6250.5	−0.37%

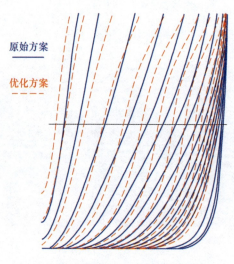

图 4.62 优化方案和原始方案横剖线对比

2. 阻力收益对比

优化方案与原始方案在不同航速下的各阻力成分数值计算结果比较见表4.27。

表4.27 优化方案与原始方案的模型阻力数值计算结果比较

V_s/kn	Fr	R_t/N		比较	$C_t/10^{-3}$		比较	$C_r/10^{-3}$		比较
		原始方案	优化方案		原始方案	优化方案		原始方案	优化方案	
8.0	0.135	19.918	19.954	0.2%	3.927	3.935	0.2%	0.703	0.634	−9.8%
10.0	0.169	31.648	31.027	−2.0%	3.993	3.916	−1.9%	0.895	0.746	−16.7%
12.0	0.203	52.202	48.2	−7.7%	4.574	4.224	−7.6%	1.573	1.154	−26.6%
14.0	0.237	88.177	79.383	−10.0%	5.676	5.111	−9.9%	2.754	2.123	−22.9%
16.0	0.27	136.617	130.95	−4.1%	6.733	6.456	−4.1%	3.877	3.536	−8.8%

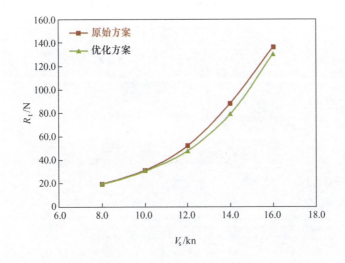

图4.63 优化方案和原始方案模型总阻力对比曲线

由表4.27可知,优化方案在航速12kn时的模型总阻力减小了7.7%,剩余阻力系数减小了26.6%;排水体积和湿表面面积略有减小,分别为0.37%和0.19%。表中还给出了其他航速时的阻力结果对比,可以看出在12kn和14kn附近总阻力的优化效果十分显著。

3. 自由面兴波对比

图4.64~图4.67为优化方案与原始方案在不同航速下的自由面波形对比图。

图 4.64　优化方案和原始方案自由面兴波波幅云图（$V_s=10.0$kn）

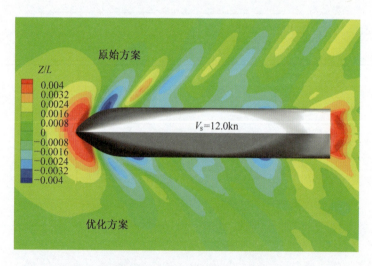

图 4.65　优化方案和原始方案自由面兴波波幅云图（$V_s=12.0$kn）

由图 4.64~图 4.66 可知，优化方案的自由面兴波波幅在设计航速下较原始方案相比均得到明显减小，表明优化方案兴波阻力小于原始方案。

本节以"探索一号"船作为设计对象，设计航速时的总阻力作为优化目标，开展了线型优化设计，优化结果表明：在满足工程约束条件下，优化方案模型总阻力在设计航速减小了 7.7%。

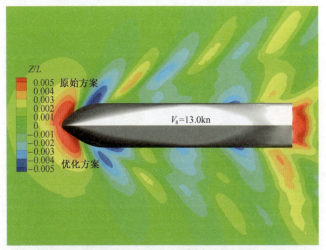

图4.66 优化方案和原始方案自由面兴波波幅云图(V_s=13.0kn)

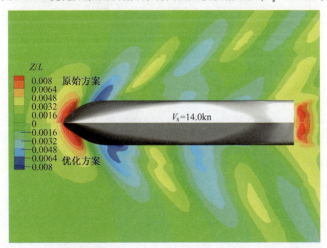

图4.67 优化方案和原始方案自由面兴波波幅云图(V_s=14.0kn)

4.3 小水线面双体船类

4.3.1 设计对象与优化问题定义

小水线面双体船(small waterplane area twin-hull ship,SWATH)是由深置水下的双下体、小水线面支柱和宽敞的上船体三个部分组成的高性能船舶,它具有良好的耐波性、操纵性,以及航向稳定性好、宽甲板、上层舱容大等优点。

本章节介绍"北调996"船和"三峡运维001"船两艘小水线面双体船的船型优化设计情况,表4.28与表4.29分别为两艘船的船型优化设计问题定义。

表 4.28 "北调 996" 船船型优化问题定义

优化问题要素	"北调 996" 船	
优化过程描述	优化过程	
	①主船体多目标优化	②附体-减摇鳍多目标优化
	多目标:设计航速 $V_s = 15\text{kn}(Fr = 0.254)$ 和经济航速 $V_s = 11\text{kn}(Fr = 0.186)$ 下的模型总阻力最优;	
目标函数	目标函数: $\begin{cases} F_1 = R_{t1}/R_{t1\text{org}} \\ F_2 = R_{t2}/R_{t2\text{org}} \end{cases}$	
	$R_{t1\text{org}}$、$R_{t2\text{org}}$ 分别为目标船在 $Fr = 0.254$、$Fr = 0.186$ 时的模型总阻力	R_{t1}、R_{t2} 分别为优化过程中可行设计方案在 $Fr = 0.254$、$Fr = 0.186$ 时的模型总阻力
目标函数评估方法	自研求解器(RANS 方法),网格自适应	
几何重构/设计变量	FFD 方法:变形区域为主船体,共设置 16 个设计变量	FFD 方法:变形对象为首鳍和尾鳍,首鳍设计变量为投射面积、主翼攻角、襟翼攻角、前缘后掠角;尾鳍设计变量为投射面积、主翼攻角、前缘后掠角

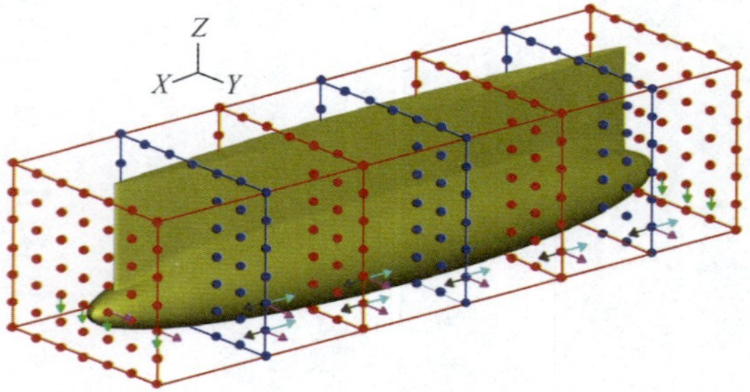

104

续表

优化问题要素		"北调996"船					
约束条件	船舶主尺度(长,宽,吃水)不变						
	排水体积：$|\Delta'/\Delta - 1| < 4\%$ 湿表面积：$|S'/S - 1| < 3\%$ 浮心位置：$|L'_{CB}/L_{CB} - 1| < 2\%$						
		项目	名称	符号	单位	下限	上限
		设计变量	首鳍面积	S_1	m²	8.00	10.00
			首鳍主翼攻角	α_1	°	6.0	8.0
			首鳍襟翼攻角	β	°	12.0	16.0
			首鳍前缘后掠角	γ_1	°	10.0	22.0
			尾鳍面积	S_2	m²	12.00	16.00
			尾鳍攻角	α_2	°	-10.0	-8.0
			尾鳍前缘后掠角	γ_2	°	10.0	22.0
		功能	经济航速主船体纵倾		0°~1°		
		约束	设计航速主船体纵倾		0°~1°		
优化算法	MOPSO粒子群优化算法(种群数:50个,迭代次数:12次,优化设计用时:10天,使用节点数:10个) MOPSO粒子群优化算法(种群数:30个,迭代次数:12次,优化设计用时:6天,使用节点数:10个)						

105

表 4.29 "三峡运维 001" 船船型优化问题定义

优化问题要素	"三峡运维 001" 船
目标函数	多目标:吃水 1.5m,航速 $V_s=20\mathrm{kn}$($Fr=0.596$)和吃水 2.5m,航速 $V_s=20\mathrm{kn}$($Fr=0.596$)下的模型总阻力最优; 目标函数: $\begin{cases} F_1 = R_{t1}/R_{t1\mathrm{org}} \\ F_2 = R_{t2}/R_{t2\mathrm{org}} \end{cases}$ $R_{t1\mathrm{org}}$、$R_{t2\mathrm{org}}$ 为目标船在 $Fr=0.596$ 吃水分别为 1.5m 和 2.5m 时的模型总阻力,R_{t1}、R_{t2} 分别为优化过程中可行设计方案在 $Fr=0.596$ 吃水分别为 1.5m 和 2.5m 时的模型总阻力
目标函数评估方法	自研求解器(RANS 方法),网格自适应
几何重构/ 设计变量	FFD 方法:变形区域为主船体,共设置 16 个设计变量
约束条件	船舶主尺度(长,宽,吃水)不变 排水体积: $\|\Delta'/\Delta - 1\| < 2\%$,湿表面积: $\|S'/S - 1\| < 5\%$,浮心位置: $\|L'_{CB}/L_{CB} - 1\| < 5\%$
优化算法	MOPSO 粒子群优化算法(种群数:50,迭代次数:12 次,优化设计用时:10 天,使用节点数:10 个)

4.3.2 "北调996"船船型优化设计

"北调996"为全球级深海装备综合试验船,是目前排水量最大、航速最高的入级小水线面双体船。图 4.68 为该船实船照片,表 4.30 为该船主要船型参数。

图 4.68 "北调996"船实船照片

表 4.30 "北调996"船主尺度

参数	符号	单位	实船
总长	L_{OA}	m	99.80
垂线间长	L_{PP}	m	86.70
型宽	B	m	32.00
型深	H	m	13.20
吃水	T	m	7.80
支柱长	—	m	86.6
潜体宽	—	m	7.64
片体间距	—	m	23.3
湿表面面积	S	m^2	1800.3
排水体积	∇	m^3	6066.7

1. 主船体优化设计

1) 多目标优化解集

目标函数 F_1、F_2 的帕累托解集如图 4.69 所示,最优解集对应的目标函数、设计变量及功能约束见表 4.31。从图中可以看出:最优解(Opt1~Opt6)的帕累托前沿呈现"凸形",经济航速下的总阻力与设计航速下的总阻力存在"相互矛盾",即设计航速总阻力减小,则经济航速总阻力增加。

分析表中 6 个优化方案的减阻效果,选取优化方案 Opt3 作为最终优化方案,其在经济航速 $V_s = 11\mathrm{kn}(Fr = 0.186)$ 和设计航速 $V_s = 15\mathrm{kn}(Fr = 0.254)$ 下的总阻力分别减小了 5.1% 和 6.3%。

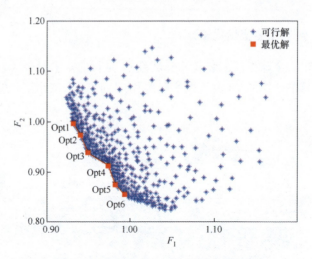

图 4.69 目标函数 F_1、F_2 的帕累托解集

表 4.31 最优解集对应的目标函数及功能约束

最优解集	F_1	F_2	$(S'-S)/S$	$(\Delta'-\Delta)/\Delta$	$(L'_{CB}-L_{CB})/L$
Opt1	0.931	0.995	1.3%	1.7%	1.7%
Opt2	0.940	0.972	1.8%	2.3%	2.1%
Opt3	0.949	0.937	2.5%	3.7%	1.1%
Opt4	0.973	0.911	2.2%	3.2%	2.1%
Opt5	0.982	0.873	2.1%	2.6%	2.2%
Opt6	0.993	0.854	2.2%	3.4%	2.4%

2) 阻力收益对比

表 4.32 给出了优化方案与原始方案在不同傅汝德数下的模型阻力数值计算结果比较，图 4.70 给出了优化方案与原始方案在不同傅汝德数下的模型总阻力曲线比较。优化方案在不同航速段下的模型总阻力均有减小，当 $Fr=0.300$ 时，减阻最大，为 17.8%，经济航速和设计航速的总阻力收益分别为 5.1% 和 6.3%。

表 4.32 优化方案与原始方案模型数值计算结果的比较

Fr	R_t/N			$C_t/10^{-3}$		
	原始方案	优化方案	比较	原始方案	优化方案	比较
0.169	12.2	11.9	−2.6%	4.101	3.915	−4.5%
0.186	15.1	14.3	−5.1%	4.190	3.898	−7.0%
0.203	17.7	16.9	−4.6%	4.141	3.873	−6.5%
0.220	22.5	20.4	−9.2%	4.468	3.975	−11.0%
0.237	25.1	23.0	−8.1%	4.301	3.872	−10.0%
0.254	30.5	28.6	−6.3%	4.565	4.191	−8.2%
0.271	44.3	37.8	−14.7%	5.816	4.861	−16.4%
0.300	52.3	43.0	−17.8%	6.087	4.901	−19.5%
0.318	49.4	44.9	−9.0%	5.124	4.568	−10.8%

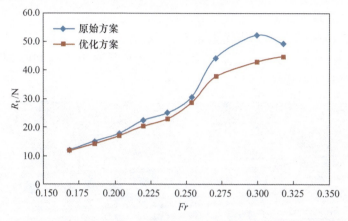

图 4.70 优化方案与原始方案在不同傅汝德数下的模型总阻力曲线

3) 主尺度参数及线型对比

表 4.33 给出了优化方案与原始方案主尺度对比,由表可知,优化方案在船舶主尺度上维持原船不变,湿表面面积及排水体积分别增加了 2.5% 和 3.7%。

图 4.71 给出了优化方案与原始方案船艏剖面线型对比:优化方案剖面线型较原始方案在艏艉区域均有扩大,创新性地从数学线型(椭球体)获得了"水瓶形"潜体线型。

表 4.33 原始方案与优化方案船型主要尺度参数对比

参数	符号	单位	原始方案	优化方案	对比
总长	L_{PP}	m	99.80	99.80	—
型宽	B	m	32.00	32.00	—
吃水	T	m	7.80	7.80	—
湿表面面积	S	m^2	1756.4	1800.3	2.5%
排水体积	∇	m^3	5850.3	6066.7	3.7%

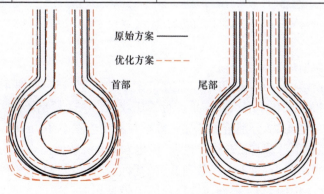

图 4.71 优化方案与原始方案横剖线对比

4) 自由面兴波对比

图 4.72 和图 4.73 分别为优化方案与原始方案在 $V_s=11\mathrm{kn}$ 和 $V_s=15\mathrm{kn}$ 下的自由面波形对比图。$V_s=11\mathrm{kn}$ 时，艏部波谷幅值明显减小，$V_s=15\mathrm{kn}$ 时，艉部兴波有明显改善（幅值减小）。

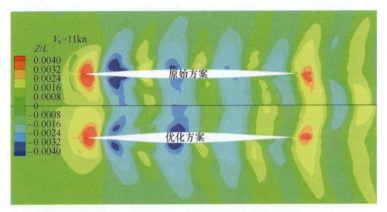

图 4.72　优化方案与原始方案自由面兴波波幅云图（$V_s=11\mathrm{kn}$）

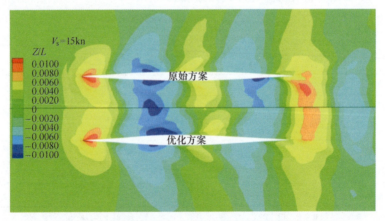

图 4.73　优化方案与原始方案自由面兴波波幅云图（$V_s=15\mathrm{kn}$）

5) 水池模型试验验证

为了验证优化设计结果，开展了优化方案水池模型试验，如图 4.74 所示。同时，对数值预报结果和模型试验结果进行了比较，表 4.34 给出了阻力结果的对比情况，图 4.75~图 4.77 分别给出了优化方案与原始方案总阻力系数曲线比较、优化方案纵倾角数值计算与试验结果比较、优化方案升沉数值计算与试验结果比较。从中可以看出，总阻力、总阻力系数和升沉的数值计算偏差相对较小，纵倾角数值计算结果存在一定的偏差，但随速度变化的趋势是相似的。这也表明小水线面双体船的阻力数值计算具有较高的精度和可靠的预报结果。因此,尽管只做了优化方案的模型试验,通过分析可以认为优化设计中的阻力效益是可信的。

表4.34 优化方案阻力与运动姿态数值计算与模型试验结果比较(带舵)

Fr	R_t/N		$C_t/10^{-3}$			$\theta/(°)$		δ/mm	
	试验值	计算值	试验值	计算值	偏差量	试验值	计算值	试验值	计算值
0.169	11.908	12.338	3.865	4.005	3.6%	-0.08	-0.12	-69.1	-65.7
0.186	14.320	14.792	3.842	3.968	3.3%	-0.09	-0.15	-74.7	-78.0
0.203	17.174	17.645	3.871	3.978	2.8%	-0.12	-0.19	-93.7	-94.4
0.220	20.631	21.337	3.963	4.098	3.4%	-0.17	-0.25	-117.4	-114.3
0.237	23.325	23.964	3.863	3.969	2.7%	-0.21	-0.29	-143.6	-139.0
0.254	29.125	29.602	4.202	4.271	1.6%	-0.32	-0.44	-189.9	-160.9
0.271	40.284	39.333	5.108	4.987	-2.4%	-0.46	-0.55	-249.7	-203.1
0.300	44.501	44.594	4.998	5.009	0.2%	-0.49	-0.58	-279.2	-260.5

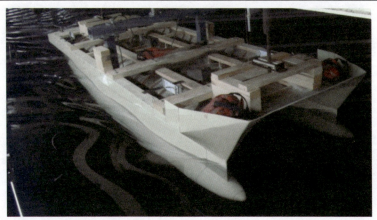

图4.74 优化方案模型设计航速下的兴波图(V_s=15kn)

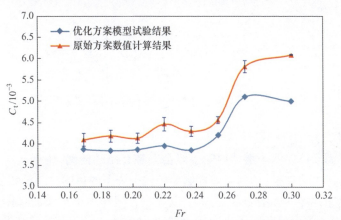

图4.75 优化方案与原始方案不同傅汝德数下的总阻力系数曲线比较
(图中标记"I"为优化方案数值计算结果与试验结果的偏差范围)

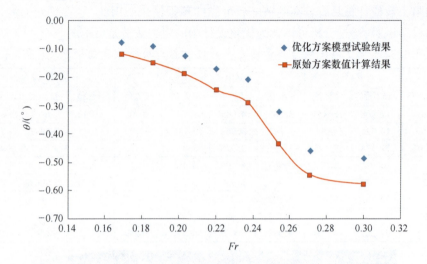

图4.76 优化方案不同傅汝德数下的纵倾角数值计算结果与试验结果比较

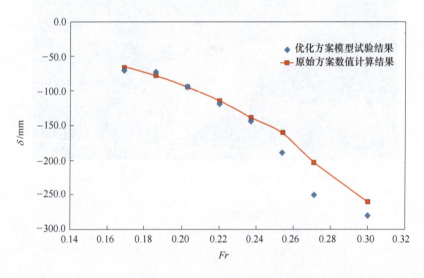

图4.77 优化方案不同傅汝德数下的升沉值数值计算结果与试验结果比较

2. 附体减摇鳍优化设计

小水线面双体船两个潜体内侧一般会安装首尾减摇鳍,用于减小船舶在大风浪中航行时产生的摇摆,达到有效控制船舶航行姿态的目的。减摇鳍的大小、安装角度等对船舶性能的影响非常大,本节以优化方案作为小水线面双体船的潜体方案,针对其附体首尾鳍开展优化设计,其外形如图4.78所示,首艙鳍设计变量为投射面积、主翼攻角、襟翼攻角、前缘后掠角;尾鳍设计变量为:投射面积、主翼攻角、前缘后掠角。

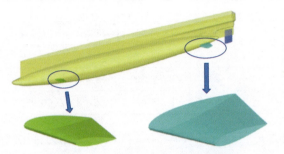

图 4.78 小水线面双体船及其首尾鳍

1) 多目标优化解集

目标函数 F_1、F_2 的帕累托解集如图 4.79 所示,最优解集对应的目标函数、设计变量及功能约束如表 4.35 所示。

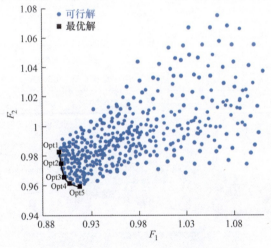

图 4.79 目标函数 F_1、F_2 的帕里托解集

表 4.35 首尾鳍优化结果

参数	符号	单位	Opt1	Opt2	Opt3	Opt4	Opt5
目标函数 1	F_1		0.898	0.916	0.902	0.917	0.926
目标函数 2	F_2		0.985	0.979	0.966	0.962	0.953
首鳍面积	S_1	m²	9.085	9.837	9.02	9.461	9.771
首鳍主翼攻角	α_1	°	5.798	5.966	5.985	5.92	5.877
首鳍襟翼攻角	β	°	14.65	15.935	14.982	15.574	15.145

续表

参数	符号	单位	Opt1	Opt2	Opt3	Opt4	Opt5
首鳍前缘后掠角	γ_1	°	20.423	18.762	16.859	21.426	17.797
尾鳍面积	S_2	m²	14.379	13.868	12.149	15.262	12.823
尾鳍攻角	α_2	°	-8.809	-8.877	-8.908	-8.944	-8.987
尾鳍前缘后掠角	γ_2	°	15.628	12.018	10.911	13.711	11.005

兼顾目标函数 F_1 和目标函数 F_2,最终选择 Opt3 作为首尾鳍的优化方案,首鳍面积为 9.02m²,首鳍主翼攻角 5.99°,首鳍襟翼攻角 14.98°,首鳍前缘后掠角 16.86°,尾鳍面积为 12.15m²,尾鳍攻角 -8.91°,尾鳍前缘后掠角 10.91°。优化后的首鳍面积减小 44.8%,尾鳍面积减小 47.7%,首尾鳍优化前后的参数如表 4.36 所示,外形对比如图 4.80 所示。

表 4.36 首尾鳍原始方案与优化方案参数对比

参数	首鳍				尾鳍		
	面积	主翼攻角	襟翼攻角	前缘后掠角	面积	攻角	前缘后掠角
单位	m²	°	°	°	m²	°	°
原始方案	16.34	15.00	0.00	26.00	23.23	-10.00	27.00
优化方案	9.02	5.99	14.98	16.86	12.15	-8.91	10.91

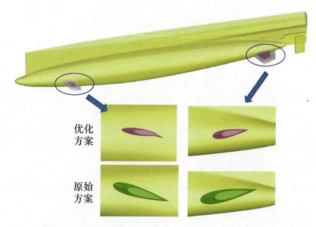

图 4.80 首尾鳍优化方案与原始方案外形对比

2) 阻力收益对比

表 4.37 和表 4.38 分别为裸船体、裸船体带首尾鳍原始方案(简称原始方案)、裸船体带首尾鳍优化方案(简称优化方案)的模型阻力数值计算结果比较和运动

姿态结果比较。图 4.81~图 4.83 分别为裸船体、原始方案、优化方案在不同傅汝德数下的模型阻力、升沉与纵倾角的比较。

首尾鳍优化方案与原始方案相比，改善了小水线面双体船的运动情况，经济航速点升沉值由-1.50mm 减少为-0.95mm，纵倾角增加了 0.09°；设计航速点升沉值由-6.16mm 减少为-4.51mm，纵倾角增加了 0.13°。

与裸船体相比，带首尾鳍优化方案的各航速点升沉值的绝对值均有所减小，而纵倾角有所增加。带首尾鳍，使得该船在设计航速点的运动姿态由首倾（纵倾角为负）变为尾倾（纵倾角为正），在航速小于设计航速时，该船均处于尾倾状态。

表 4.37 裸船体、原始方案、优化方案阻力数值计算结果的比较

Fr	R_{t1}/N	R_{t2}/N	R_{t3}/N	$\dfrac{R_{t2}}{R_{t1}}$	$\dfrac{R_{t3}}{R_{t2}}$
0.138	8.433	11.322	10.187	34.26%	-10.02%
0.155	10.643	14.266	12.728	34.04%	-10.78%
0.172	13.042	17.533	15.854	34.43%	-9.58%
0.189	15.829	21.492	19.380	35.78%	-9.83%
0.206	18.842	24.866	22.829	31.97%	-8.19%
0.223	22.702	29.798	27.705	31.26%	-7.02%
0.241	26.112	34.591	31.324	32.47%	-9.44%
0.258	31.233	37.430	36.150	19.84%	-3.42%
0.275	40.788	46.485	46.140	13.97%	-0.74%

注：表中 R_{t1} 为小水线面双体船裸船体模型总阻力，R_{t2} 为裸船体带首尾鳍原始方案模型总阻力，R_{t3} 为裸船体带首尾鳍优化方案模型总阻力。

表 4.38 裸船体、原始方案、优化方案运动姿态

Fr	H_1/mm	H_2/mm	H_3/mm	θ_1/(°)	θ_2/(°)	θ_3/(°)
0.138	-1.673	-0.951	-0.353	-0.074	0.134	0.284
0.155	-2.129	-1.202	-0.596	-0.095	0.165	0.299
0.172	-2.625	-1.322	-0.731	-0.119	0.216	0.326
0.189	-3.116	-1.502	-0.951	-0.150	0.256	0.343
0.206	-3.778	-2.017	-1.449	-0.188	0.226	0.320
0.223	-4.574	-3.344	-2.489	-0.246	0.208	0.310
0.241	-5.562	-5.201	-3.669	-0.290	0.202	0.274
0.258	-6.45	-6.163	-4.514	-0.434	-0.068	0.061
0.275	-8.134	-7.801	-6.436	-0.544	-0.206	-0.017

注：H_1 为小水线面双体船裸船体模型升沉值，H_2 为裸船体带首尾鳍原始方案模型升沉值，H_3 为裸船体带首尾鳍优化方案模型升沉值；θ_1 为小水线面双体船裸船体模型纵倾角，θ_2 为裸船体带首尾鳍原始方案模型纵倾角，θ_3 为裸船体带首尾鳍优化方案模型纵倾角。

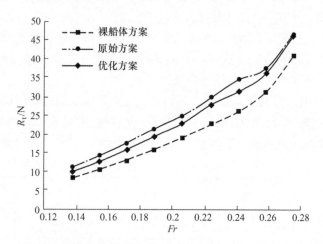

图 4.81 裸船体、原始方案、优化方案不同傅汝德数下模型总阻力曲线的比较

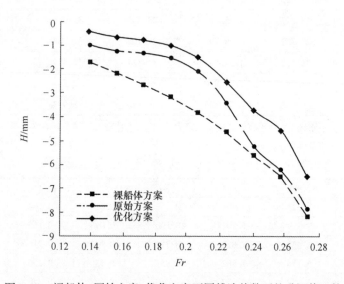

图 4.82 裸船体、原始方案、优化方案不同傅汝德数下的升沉值比较

对比分析原始方案和优化方案的运动姿态,小水线面双体船升沉值减小,主船体在水中被抬高,船身所受升力增加。同时,纵倾角增加,整船保持以尾倾姿态航行,首尾鳍在船首部产生足够的力扭转船体,使得其运动姿态发生变化。

此外,对小水线面双体船的阻力成分进行了分析,经济航速下模型总阻力减小了 9.8%,设计航速下模型总阻力减小了 3.4%。如表 4.39 所示。

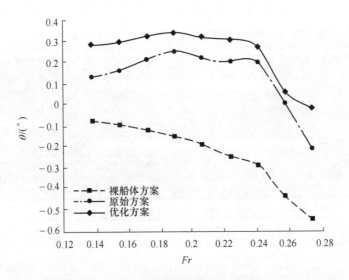

图 4.83 裸船体、原始方案、优化方案不同傅汝德数下的纵倾角比较

表 4.39 原始方案与优化方案模型阻力对比

Fr	$C_{r2}/10^{-3}$	$C_{r3}/10^{-3}$	比较	R_{t2}/N	R_{t3}/N	比较
0.138	1.908	1.048	−26.20%	11.322	10.187	−10.00%
0.155	1.971	1.428	−27.50%	14.266	12.728	−10.80%
0.172	2.02	1.551	−23.20%	17.533	15.854	−9.60%
0.189	2.16	1.669	−22.70%	21.492	19.38	−9.80%
0.206	2.059	1.675	−18.60%	24.866	22.829	−8.20%
0.223	2.23	1.906	−14.50%	29.798	27.705	−7.00%
0.241	2.284	1.819	−20.40%	34.591	31.324	−9.40%
0.258	1.999	1.890	−5.50%	37.43	36.15	−3.40%
0.275	2.534	2.575	1.60%	46.485	46.14	−0.70%

注：C_{r2} 为原始方案剩余阻力系数，C_{r3} 为优化方案剩余阻力系数；R_{t2} 为原始方案模型总阻力，R_{t3} 为优化方案模型总阻力。

3）自由面兴波对比

图 4.84 和图 4.85 分别为优化方案与原始方案在经济航速 $V_s = 11\text{kn}$、设计航速 $V_s = 15\text{kn}$ 下的自由面波形对比图。

从图 4.84~图 4.85 可以看出，优化方案与原始方案的自由面兴波差别不大，波峰波谷分布基本相同。因此，可以判断优化方案总阻力的减少主要是由原压阻力的减小引起的。

本节以深海装备综合试验船为优化设计对象，设计航速与经济航速时的总阻

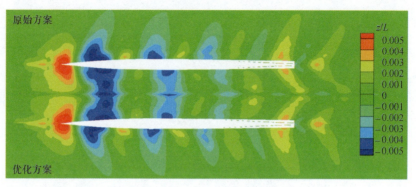

图 4.84　优化方案和原始方案自由面兴波波幅云图(V_s=11kn)

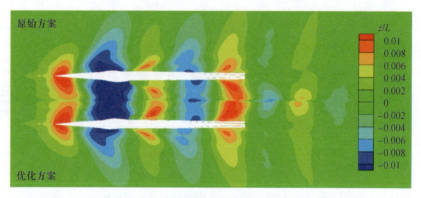

图 4.85　优化方案和原始方案自由面兴波波幅云图(V_s=15kn)

力作为优化目标,完成了深海装备综合试验船主船体以及附体首尾鳍的优化设计。主船体优化结果:优化方案模型总阻力在经济航速和设计航速下分别减小了5.1%和6.3%;附体首尾鳍优化结果:优化方案模型总阻力分别减小了9.8%和3.4%、首尾鳍面积分别减小44.8%和47.7%。

4.3.3　"三峡运维001"船船型优化设计

"三峡运维001"船是国内首艘双模式高速风电运维船,船型采用复合小水线面双体船型,是一艘快速性兼顾耐波性,并极具舒适性和作业安全性的双模式高速双体船,主要承担江苏海域风电场海上高速风电运维任务,该船有两个航行模式,能够满足不同等级海况下高效作业。图 4.86 为该船实船照片,表 4.40 给出了该船主要船型参数。

图 4.86 三峡运维 001 船实船照片

表 4.40 三峡运维 001 号船主尺度

参数	符号	单位	实船
总长	L_{OA}	m	32.4
垂线间长	L_{PP}	m	30.4
型宽	B	m	11.6
型深	H	m	6.1
吃水	T	m	1.5/2.5
方形系数	C_B	—	0.286/0.273
湿表面面积	S	m²	218.3/374.1
浮心位置	L_{CB}	% L_{PP}	−7.042/−7.318
排水体积	∇	m³	151.8/238.8

为了应对不同的海况,拓宽运维作业窗口期,该船设计了两种航行模式,分别四级海况下的浅吃水安全航行(对应吃水状态为 1.5m)和五级海况下的深吃水安全航行(对应吃水状态为 2.5m)。

1. 优化设计结果

目标函数 F_1、F_2 的帕累托解集如图 4.87,在帕累托前沿中选取 4 个最优解,所对应的目标函数和船型参数如表 4.41 所示。

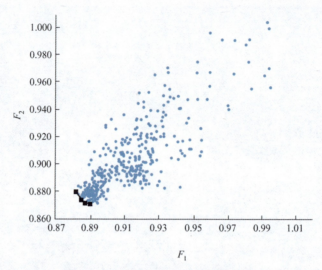

图 4.87 目标函数 F_1、F_2 的帕累托解集

表 4.41 最优解集对应的目标函数与船型参数

名称	符号	单位	Opt1	Opt2	Opt3	Opt4
目标函数 1	F_1	—	0.883	0.887	0.889	0.891
目标函数 2	F_2	—	0.879	0.875	0.873	0.871
1.5m 吃水时排水量	Δ	m^3	0.710	0.703	0.702	0.691
1.5m 吃水时浮心纵向位置	L_{CB}	% L_{PP}	-7.027	-7.023	-7.046	-7.000
1.5m 吃水时湿表面积	S	m^2	5.739	5.823	5.964	5.685
2.5m 吃水时排水量	Δ	m^3	1.131	1.091	1.124	1.200
2.5m 吃水时浮心纵向位置	L_{CB}	% L_{PP}	-7.231	-7.299	-7.330	-7.366
2.5m 吃水时湿表面积	S	m^2	10.099	9.886	10.328	10.736

兼顾总体设计要求，选择优化方案 Opt3 作为最终方案。与原始方案相比，优化方案在 1.5m 吃水时排水量减小了约 0.14%，浮心纵向位置向船尾移动了约 0.06% 船长，湿表面积减小了约 1.65%；在 2.5m 吃水时排水量增加了约 1.63%，浮心纵向位置向船尾移动了约 0.16% 船长，湿表面积减小了约 0.59%。

2. 主尺度参数及线型对比

表 4.42 给出了优化方案与原始方案主尺度参数对比，图 4.88 为优化方案和原始方案外形潜体横剖线比较。

表 4.42 优化方案与原始方案船型主要尺度参数

参数	符号	单位	原始方案	优化方案	比较
垂线间长	L_{PP}	m	30.4	30.4	—
型宽	B	m	11.6	11.6	—
吃水	T	m	1.5/2.5	1.5/2.5	—
湿表面面积	S	m²	218.3/374.1	214.7/371.9	-1.65%/-0.59%
浮心位置	L_{CB}	%L_{PP}	-7.042/-7.318	-7.046/-7.330	-0.06%/-0.16
排水体积	∇	m³	151.8/238.8	151.6/242.8	-0.14%/1.63%

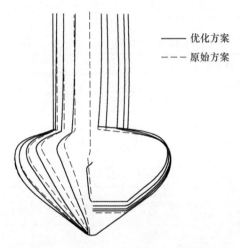

图 4.88 优化方案与原始方案潜体横剖线比较

3. 阻力收益对比

表 4.43 和表 4.44 分别给出了双模式高速小水线面双体船在吃水为 1.5m 与 2.5m 时原始方案与优化方案的模型总阻力、航行姿态对比,图 4.89 和图 4.90 为对比曲线。表 4.43 中 R_{t0} 和 R_{t1} 分别为原始方案在 1.5m 吃水和 2.5m 吃水时的模型总阻力,R_{t2} 和 R_{t3} 分别为优化方案在 1.5m 吃水和 2.5m 吃水时的模型总阻力。表 4.45 中 θ_0 和 θ_1 分别为原始方案在 1.5m 吃水和 2.5m 吃水时的模型纵倾角,θ_2 和 θ_3 分别为优化方案在 1.5m 吃水和 2.5m 吃水时的模型纵倾角。

表 4.43 优化方案与原始方案模型总阻力比较

Fr	V_s/kn	R_{t0}/N	R_{t2}/N	比较	R_{t1}/N	R_{t3}/N	比较
0.417	14.0	435.1	382.6	-12.1%	791.1	714.8	-9.6%
0.447	15.0	548.0	482.7	-11.9%	1031.2	908.6	-16.0%
0.477	16.0	636.3	590.0	-7.3%	1272.4	1132.8	-14.3%

续表

Fr	V_s/kn	R_{t0}/N	R_{t2}/N	比较	R_{t1}/N	R_{t3}/N	比较
0.506	17.0	704.7	717.6	1.8%	1465.1	1352.4	-10.7%
0.536	18.0	766.2	740.0	-3.4%	1720.8	1568.8	-11.4%
0.566	19.0	824.6	754.3	-8.5%	1948.0	1716.7	-14.1%
0.596	20.0	856.8	762.1	-11.1%	2078.4	1814.5	-14.7%
0.626	21.0	891.5	771.6	-13.4%	2060.2	1891.7	-10.4%
0.655	22.0	914.3	782.3	-14.4%	2123.3	1938.2	-10.8%
0.685	23.0	933.7	794.5	-14.9%	2233.6	1949.8	-14.6%
0.715	24.0	974.7	808.9	-17.0%	2314.9	2022.7	-14.5%
0.745	25.0	1035.9	829.5	-19.9%	2454.3	2073.1	-17.2%

表4.44 优化方案与原始方案模型纵倾比较

Fr	V_s/kn	θ_0/(°)	θ_2/(°)	θ_1/(°)	θ_3/(°)
0.417	14.0	0.449	0.007	-0.733	-0.654
0.447	15.0	0.152	0.428	-0.679	-0.606
0.477	16.0	-0.099	0.795	-0.495	-0.377
0.506	17.0	-0.253	1.139	-0.377	-0.181
0.536	18.0	-0.281	1.151	-0.217	-0.064
0.566	19.0	-0.197	1.084	-0.021	0.006
0.596	20.0	-0.003	0.961	0.086	0.048
0.626	21.0	0.292	0.823	-0.127	-0.027
0.655	22.0	0.684	0.682	-0.224	-0.165
0.685	23.0	1.195	0.545	-0.285	-0.423
0.715	24.0	1.867	0.402	-0.459	-0.599
0.745	25.0	2.681	0.280	-0.606	-0.968

根据以上图、表得出以下结论：

(1) 在1.5m吃水情况下,优化方案比原始方案在设计航速为20kn时总阻力减小了11.1%,在经济航速为15kn时总阻力减小11.9%。优化方案的纵倾角均为正值,航行姿态为尾倾,有利于船舶高速航行。

(2) 在2.5m吃水情况下,优化方案比原始方案在设计航速为20kn时总阻力减小了14.7%,在经济航速为15kn时总阻力减小16%。优化方案的纵倾角与原始方案相比变化不大。

本节以"三峡运维001"船为优化设计对象,不同吃水状态下的总阻力作为优化目标,完成了该船线型优化设计,结果表明:在满足工程约束条件下,优化方案在航速为20kn时不同吃水情况下模型总阻力分别减小了11.1%和14.7%。

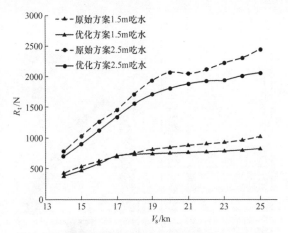

图 4.89　优化方案和原始方案模型总阻力对比曲线

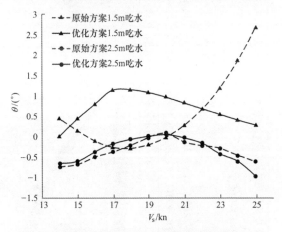

图 4.90　优化方案和原始方案模型纵倾曲线对比

4.4　低速肥大型船类

4.4.1　设计对象与优化问题定义

低速肥大型船一般都有较长的平行中体,在主尺度、排水量、浮心位置、平行中体长度等船型参数基本不变的强约束条件下,船的湿表面积不会发生太大变化,因此总阻力的主要成分——摩擦阻力不可能有大的变化,而兴波阻力所占总阻力的比例又很小,剩下的黏压阻力是唯一可能通过船体线型的变化进而从中获得减阻收益的一项阻力成分;另外,低速肥大型船通常具有比较丰满的艉部线型,船艉线型的变化对流场的影响比较敏感,进而影响螺旋桨的推进效率。

本节介绍两种典型的低速肥大型船的船型优化设计,优化问题的定义采用列表的方式给出,具体见表 4.45 所示。

表 4.45 6600DWT 散货船和 44600DWT 散货船优化问题定义

优化问题要素	6600DWT 散货船	44600DWT 散货船
目标函数	多目标：设计航速 $V_s=10\mathrm{kn}$ ($Fr=0.166$) 下的模型总阻力最优以及该航速对应下的螺旋桨盘面流场品质最优； 目标函数：$F_1=R_t/R_{torg}$ $F_2=W_t/W_{torg}$ R_{torg} 为目标船的总阻力，R_t 为优化过程中可行设计方案的模型总阻力，W_{torg}、W_t 分别为目标船和优化过程可行方案的轴向无因次速度不均匀度值； 桨盘面轴向无速度的不均匀度定义 $$W_j=\sum_{i=1}^{N}\sqrt{\frac{1}{M}\sum_{j}^{M}(V_{xij}-\bar{V}_{xi})^2}$$ 式中：$i=3,4,\cdots,12$ 对应桨盘面半径 $r=0.3R,0.4R,\cdots,1.2R$；$j=0,1,\cdots,90$ 对应子桨盘面 $\theta=0°,2°,\cdots,180°$；V_{xij} 为桨盘面第 i 半径上点对应点的无因次轴向速度，$\bar{V}_{xi}$ 为桨盘面第 i 半径 θ 角为 j 时所对应点的无因次轴向速度平均值	多目标：设计航速 $V_s=12\mathrm{kn}$ ($Fr=0.144$) 下的模型总阻力最优以及该航速对应下的螺旋桨盘面流场品质最优； 目标函数：$F_1=R_t/R_{torg}$ $F_2=W_t/W_{torg}$
目标函数评估方法	自研求解器（RANS 方法），网格自适应	
几何重构/设计变量	FFD 方法：变形区域为艉部，设置 6 个设计变量	FFD 方法：变形区域为艉部和艏部，艉部设置 6 个设计变量，艏部设置 6 个设计变量，共 12 个设计变量
约束条件	排水体积：$|\Delta'/\Delta-1|<1\%$；湿表面积：$|S'/S-1|<1\%$	船舶主尺度（长、宽、吃水）不变 排水体积：$|\Delta'/\Delta-1|<1\%$；湿表面积：$|S'/S-1|<1\%$
优化算法	MOPSO 粒子群优化算法（种群数：24 个，迭代次数：14 次，优化设计用时：3.5 天，使用节点数：8 个）	IPSO 粒子群优化算法（种群数：40 个，迭代次数：12 次，优化设计用时：8 天，使用节点数：5 个）

4.4.2 6600DWT 散货船船型优化设计

6600DWT 散货船主要航行于国内近海航区,可进入长江,是一艘江海联运散货船。该船主要用于运载装运散煤、钢材、谷物、矿砂、袋装粮食等不易燃货物,曾获得国内首张船舶能效设计指标(energy efficiency design index,EEDI)附加标志入级证书,被中国船级社(China Classification Society,CCS)评价为节能船型的典范,是一艘航行性能优秀兼顾绿色环保的新型绿色节能散货船。图 4.91 为该船实船照片,表 4.46 为该船主要船型参数。

图 4.91　6600DWT 散货船实船照片

表 4.46　6600DWT 散货船主尺度要素表

参数	符号	单位	实船
总长	L_{PP}	m	99.90
型宽	B	m	16.00
型深	H	m	8.40
吃水	T	m	5.80
湿表面面积	S	m^2	2328.1
排水体积	∇	m^3	7619.5

1. 原始船型及其优化设计结果

6600DWT 散货船原始方案外形如图 4.92 所示,主要参数和性能及其与相似船型的比较如表 4.47 所示。从图、表中可以看出:该船的方形系数大(C_B =

0.838)、航速低、平行中体长、首尾可改变区域小(构型设计空间较小);该船的海军部系数远大于同类船型,表明该船原始方案的快速性能较佳,远远超出了同类船型的水平;在此基础上,在满足实际工程约束条件下,开展该船优化设计,可检验设计方法的优越性。

图 4.92　6600DWT 散货船原始方案外形图

表 4.47　6600DWT 散货船原始方案主要参数和性能及其与相似船型的比较

参数	单位	6600DWT（原始方案）	6000DWT	5000DWT-1	5000DWT-2
总长	m	99.90	99.98	98.225	98.00
垂线间长	m	96.00	94.60	91.00	91.60
型宽	m	16.00	16.60	16.20	15.80
型深	m	8.40	8.40	6.96	7.40
吃水	m	5.80	6.60	5.55	5.90
排水量	t	7661	8030	6606	6702
载重量	t	6100	6000	5249	5292
主机 MCR	r/min	1290kW@1000	2060kW@525	2000kW@600	1765kW@500
航速	kn	9.92（10%海况裕度）	11.90	10.50	11.00
海军部系数	—	499.2	328.0	203.8	268.1

目标函数 F_1、F_2 的帕累托解集如图 4.93 所示,从图中可以看出:最优解的帕累托前沿呈现"凸形",总阻力与桨伴流场不均匀度两个目标相互矛盾:总阻力减小,不均匀度指标增加,总阻力增加,不均匀度指标减小。

表 4.48 给出了最优解集的相关参数比较,从表中可以看出:优化方案 Opt1 的模型总阻力增加了 5%(其中剩余阻力增加了 16.4%),不均匀度指标减小了 25.5%,优化方案 Opt9 的模型总阻力减小了 3.4%(其中剩余阻力减小了 13.5%),不均匀度指标增加了 18.1%,优化方案 Opt4 的模型总阻力和不均匀度指标均有减小,分别减小了 2.4% 和 1.3%。

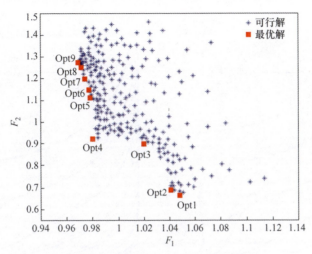

图 4.93 目标函数 F_1、F_2 的帕累托解集

表 4.48 最优解集及其相关参数比较

方案	模型阻力数值计算结果						伴流场不均匀度		约束条件	
	R_f/N	比较	R_r/N	比较	R_t/N	比较	W_f	比较	$S'/S-1$	$\Delta'/\Delta-1$
原始方案	15.184		4.491		19.675		0.437			
Opt1	15.432	1.6%	5.227	16.4%	20.659	5.0%	0.326	-25.5%	0.31%	0.29%
Opt2	15.374	1.3%	4.990	11.1%	20.364	3.5%	0.359	-17.9%	0.26%	0.26%
Opt3	15.456	1.8%	4.534	1.0%	19.990	1.6%	0.409	-6.4%	0.37%	0.61%
Opt4	15.176	-0.1%	4.027	-10.3%	19.203	-2.4%	0.431	-1.3%	-0.38%	-0.75%
Opt5	15.163	-0.1%	4.020	-10.5%	19.183	-2.5%	0.449	2.7%	-0.54%	-0.73%
Opt6	15.129	-0.4%	4.034	-10.2%	19.163	-2.6%	0.462	5.7%	-0.71%	-0.84%
Opt7	15.139	-0.3%	3.985	-11.3%	19.124	-2.8%	0.481	10.1%	-0.68%	-0.79%
Opt8	15.122	-0.4%	3.923	-12.6%	19.045	-3.2%	0.505	15.6%	-0.74%	-0.90%
Opt9	15.122	-0.4%	3.884	-13.5%	19.006	-3.4%	0.516	18.1%	-0.74%	-0.98%

2. 艉部线型对比

图 4.94 给出了 Opt1、Opt4、Opt7、Opt9 四个优化方案艉部线型与原始方案线型的比较,在船体艉部靠近基线附近,Opt1 的线型比原始方案向外"扩张",Opt4、Opt7、Opt9 三个最优设计方案线型比原始方案向内"收缩";从表 4.49 可知,Opt1 的湿表面积略有增加(0.31%),Opt4、Opt7、Opt9 三个优化方案湿表面积均有所减

小(在1%以内),四个优化方案的排水量均有所减小(在1%以内)。

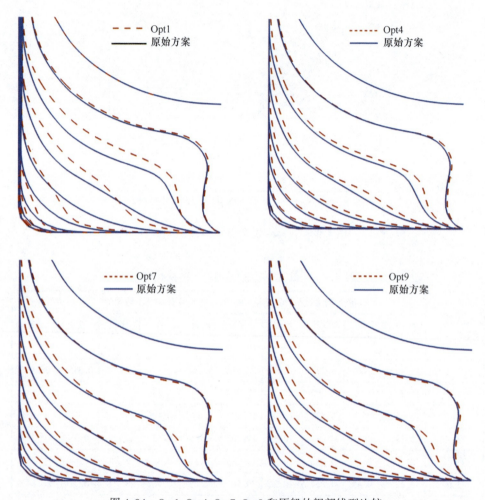

图 4.94　Opt1、Opt4、Opt7、Opt9 和原船的艉部线型比较

图 4.95 给出了 Opt1、Opt4、Opt7、Opt9 四个优化方案桨盘面无因次轴向速度云图与原始方案的比较,图 4.96 给出了 Opt1、Opt4、Opt7、Opt9 与原始方案的桨盘面不同半径处无因次轴向速度均值的比较,从图中可以看出:Opt4、Opt7、Opt9 桨盘面不同半径轴向速度均值大于原始方案;Opt1 内半径轴向速度均值大于原始方案,外半径小于原始方案,这表明:Opt1 的桨盘面轴向速度沿径向分布的均匀度要好于原始方案。

本节以 6600DWT 散货船为优化设计对象,设计航速时的总阻力与桨盘面流场

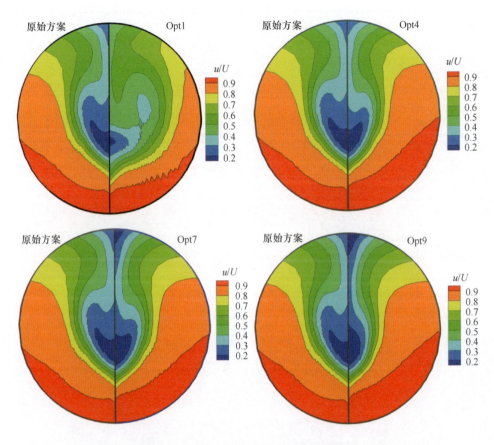

图 4.95 Opt1、Opt4、Opt7、Opt9 和原船的桨盘面无因次轴向速度云图（$(r/R)_{max} = 1.2$）

品质作为优化目标,完成了原始船型线型优化设计,综合考虑,选择 Opt4 作为最终优化设计方案。优化结果表明:在满足工程约束条件下,优化方案模型总阻力在设计航速减小了 2.42%,其中剩余阻力减小了 10.3%,桨盘面流场不均匀度减小了 1.35%。

4.4.3　44600DWT 散货船船型优化设计

44600DWT 散货船主要航行于国内近海航区,该船主要用于运载装运散煤、钢材、谷物、矿砂、袋装粮食等不易燃货物,是一艘航行性能优秀兼顾绿色环保的新型绿色节能散货船。图 4.97 为该船实船照片,表 4.49 为该船主要船型参数。

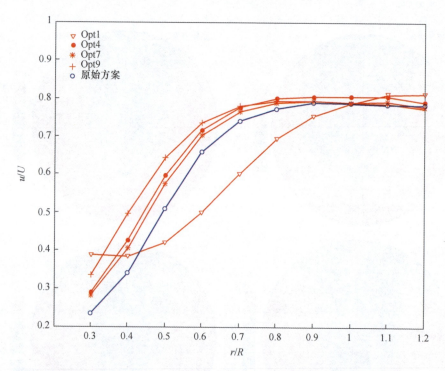

图 4.96　Opt1、Opt4、Opt7、Opt9 和原船的桨盘面不同半径处无因次轴向速度均值

图 4.97　44600DWT 散货船实船照片

表 4.49　44600DWT 散货船主尺度要素表

参数	符号	单位	实船
总长	L_{oa}	m	190.0
垂线间长	L_{PP}	m	183.2
水线长	L_{WL}	m	186.5
型宽	B	m	30.2
型深	D	m	14.25
吃水	T	m	10.5
方形系数	C_B	—	0.835
湿表面积	S	m^2	8247.0
排水体积	∇	m^3	48518.6

1. 原始船型及其优化设计结果

44600DWT 散货船原始方案外形如图 4.98 所示,目标函数 F_1、F_2 的帕累托解集如图 4.99 所示,选取了四个优化方案分析船型变化、阻力收益等。Opt1 和 Opt4 分别为阻力和伴流场不均匀度收益最大的方案,Opt2 和 Opt3 分别为两个目标都有改善的方案。表 4.50 给出了最优解集的相关参数比较,从表中可以看出：与原

图 4.98　44600DWT 散货船原始方案外形图

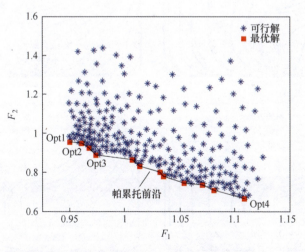

图 4.99　目标函数 F_1、F_2 的帕累托解集

始方案相比,优化方案的湿表面积和排水量变化不大,均在1%以内;Opt1、Opt2和Opt3的模型总阻力较原始方案分别减小5.0%、3.9%和2.6%,其剩余阻力减小了10%~20%;而Opt4的模型总阻力增加了10.9%。四个优化方案的桨盘面轴向速度不均匀度均有所下降,表明桨盘面伴流场的质量得到了改善。

表4.50 最优解集及其相关参数比较

方案	模型阻力数值计算结果				伴流场不均匀度		约束条件	
	R_t/N	比较	R_t/N	比较	W_f	比较	$S'/S-1$	$\Delta'/\Delta-1$
原始方案	8.344		35.099		0.552			
Opt1	6.747	−19.1%	33.337	−5.0%	0.528	−4.4%	−0.71%	−0.99%
Opt2	7.067	−15.3%	33.731	−3.9%	0.524	−5.1%	−0.31%	−0.43%
Opt3	7.485	−10.3%	34.178	−2.6%	0.491	−11.0%	−0.16%	−0.63%
Opt4	12.087	44.9%	38.924	10.9%	0.367	−33.6%	0.17%	−0.23%

2. 船体线型对比

四个优化方案与原始方案的线型比较如图4.100所示。在船艉靠近基线附近,Opt1、Opt2和Opt3的横剖线与原始方案相比略微向内收缩,而Opt4的横剖线略微向外扩张。在船艏靠近吃水附近,Opt1、Opt2和Opt3横剖线略微向内收缩,球

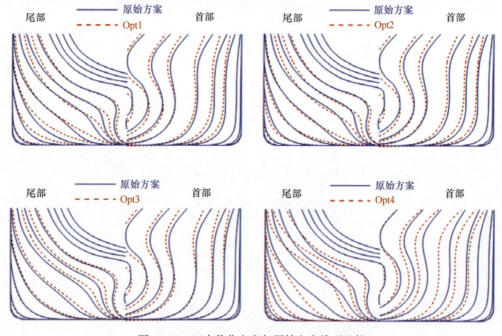

图4.100 四个优化方案与原始方案线型比较

首下沉,Opt4 横剖线明显向内收缩,球首位置基本不变。从上面分析结合减阻效果来看,对于该船型,船艉靠近基线附近略微向内收缩、球首略微向下时,减阻效果是非常明显的。

图 4.101 给出了四个优化方案与原始方案桨盘面轴向速度云图比较,Opt1、Opt2 和 Opt3 的无量纲轴向速度云图形状相似,低速面积明显小于原始方案,轴向速度的不均匀度明显降低。Opt1 和 Opt2 轴向速度轮廓"钩形"特征完全消失,螺旋桨周围的尾流场质量得到了很大的改善。由于 Opt4 减小了低速区面积,使轴向速度更均匀,因此对于螺旋桨盘处的流动均匀性来说,Opt4 是最好的,但它的总阻力却大大增加了。

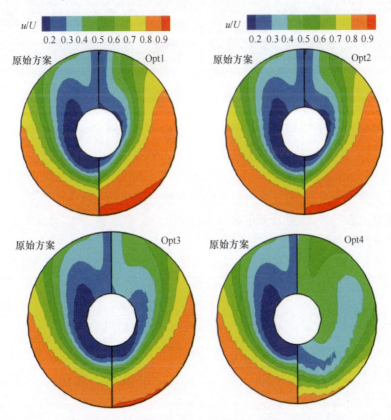

图 4.101　四个优化方案与原始方案桨盘面无因次轴向速度云图($(r/R)_{max} = 1.2$)

图 4.102 给出了四个优化方案在设计航速下的自由面波形与原始方案比较。Opt1、Opt2 和 Opt3 的波形与原始方案基本相同,波幅略有下降。Opt4 的第一个波谷与原始方案相比明显向后移动。从减阻效果来看,Opt1 在四个优化方案中减阻效果最好,其总阻力降低了 5.0%,流场均匀性也得到了改善。因此,选择 Opt1 作

为 44600DWT 散货船的最终设计方案。

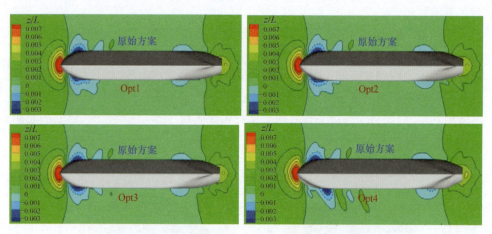

图 4.102　四个优化方案与原始方案自由面兴波比较

优化方案 Opt1 与原始方案在不同傅汝德数下模型阻力数值计算结果比较如表 4.51 所示。在航速范围内,总阻力减小了 4.89%~6.65%。剩余阻力大幅降低,最大降幅为 20.82%。

优化方案 Opt1 与原始方案的表面压力系数等值线如图 4.103 所示。Opt1 的低压区比原始方案小,压力分布也有所改善。上述分析表明,船体形状的微小变化可以导致该类船型阻力的大幅度降低。

表 4.51　优化方案 Opt1 与原始方案在不同傅汝德数下模型阻力数值计算结果比较

Fr	R_r/N			R_t/N		
	原始方案	Opt1	比较	原始方案	Opt1	比较
0.1203	5.793	4.665	−19.47%	24.918	23.700	−4.89%
0.1323	6.946	5.592	−19.49%	29.721	28.257	−4.93%
0.1443	8.344	6.747	−19.14%	35.099	33.337	−5.02%
0.1563	10.815	8.445	−21.91%	41.594	39.080	−6.04%
0.1684	14.369	11.257	−21.66%	49.282	46.003	−6.65%

本节给出 44600DWT 散货船船型优化设计,以设计航速时的模型总阻力和桨盘面流场的品质作为优化设计目标,在满足工程约束条件下,最终优化设计方案 Opt1 模型总阻力减小了 5.0%,且桨盘面伴流场的品质也得到了改善。

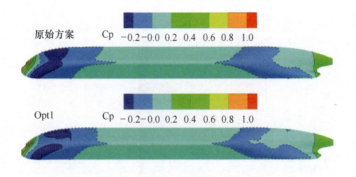

图 4.103　优化方案 Opt1 和原始方案的表面压力系数等值线图

4.5　渔　船　类

4.5.1　设计对象与优化问题定义

本节给出了两艘渔船的船型优化设计情况,优化问题的定义详见表 4.52。

4.5.2　63m 拖网渔船船型优化设计

该 63m 拖网渔船主要用于开展近海海域渔业资源的捕捞,该船模示意图如图 4.104 所示,主要船型参数如表 4.53 所示。

1. 主尺度参数及线型对比

表 4.54 给出了优化方案与原始方案主尺度对比,船舶主尺度保持不变,排水体积增加了 0.96%,湿表面面积减小了 0.67%。优化方案外形如图 4.105 所示,优化方案与原始方案横剖线对比如图 4.106 所示,从图中可以看出,在船体前半部分,靠近船首附近横剖线向内收缩,靠近船中基线附近,横剖线下沉;在船体后半部分,靠近船尾附近横剖线变化不大,靠近船中基线附近,横剖线下沉。

2. 阻力收益对比

优化方案在不同傅汝德数下的各阻力成分与原始方案数值计算结果比较如表 4.55 和图 4.107 所示。在全航段下优化方案模型总阻力减小了 3%~16% 左右,在设计航速为 15kn 时模型总阻力减小了 15.47%,剩余阻力系数减小了 27.72%。换算到实船有效功率的比较如表 4.56 和图 4.108 所示,在设计航速为 15kn 时优化方案实船总阻力比原始方案减小了 19%。

表 4.52 63m 拖网渔船和多功能远洋渔船优化问题定义

优化问题要素	63m拖网渔船	多功能远洋渔船
目标函数	设计航速 $V_s=15\text{kn}(Fr=0.3231)$ 时的模型总阻力最优; 目标函数: $F=R_t/R_{torg}$ R_{torg} 为目标船的模型总阻力, R_t 为优化过程中可行设计方案的模型总阻力	航速 $V_s=12\text{kn}(Fr=0.24)$ 和 $V_s=14\text{kn}(Fr=0.28)$ 时的模型总阻力最优; 目标函数: $\begin{cases} F_1=R_{t1}/R_{t1org} \\ F_2=R_{t2}/R_{t2org} \end{cases}$ R_{t1org}、R_{t2org} 分别为目标船在 $Fr=0.24$、$Fr=0.28$ 时的模型总阻力, R_{t1}、R_{t2} 分别为优化过程中可行设计方案在 $Fr=0.24$、$Fr=0.28$ 时的模型总阻力
目标函数评估方法	自研求解器(RANS方法),网格自适应	
几何重构/设计变量	FFD方法:全船共设置8个设计变量 船舶主尺度(长、宽、吃水)不变	FFD方法:主船体6个设计变量,艏部6个设计变量,共12个设计变量 船长和船宽保持不变,吃水由 4.3m 变为 4.4m
约束条件	排水体积: $|\Delta'/\Delta-1|<0.5\%$;湿表面积: $|S'/S-1|<1\%$	方形系数: $0.666 \leq C_B \leq 0.671$;排水体积: $1\% \leq (1-\Delta'/\Delta) \leq 4\%$; 湿表面积: $1\% \leq (1-S'/S) \leq 4\%$ 浮心位置: $-2\% \leq L_{CB} \leq 2\%$
优化算法	IPSO粒子群优化算法(种群数:30个,迭代次数:12次,优化设计用时:6天,使用节点数:5个)	MOPSO粒子群优化算法(种群数:50个,迭代次数:12次,优化设计用时:10天,使用节点数:5个)

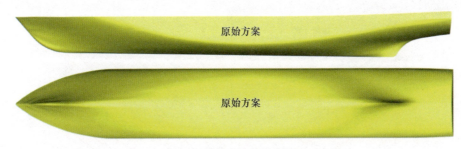

图 4.104　63m 拖网渔船船模型外形示意图

表 4.53　63m 拖网渔船模型主尺度($\lambda=12.75$)

参数	符号	单位	实船	模型
总长	L_{OA}	m	63.22	4.9584
垂线间长	L_{PP}	m	55.50	4.3529
型宽	B	m	9.40	0.7373
型深	H	m	4.20	0.3294
吃水	T	m	3.00	0.2353
方形系数	C_B	—	0.5529	0.5529
水线面系数	C_{WL}	—	0.8307	0.8307
湿表面面积	S	m^2	577.962	3.5553
排水体积	∇	m^3	891.939	0.4198

表 4.54　原始方案与优化方案船型主要尺度参数对比

参数	符号	单位	原始方案	优化方案	对比
垂线间长	L_{PP}	m	55.50	55.50	—
型宽	B	m	9.40	9.40	—
吃水	T	m	3.00	3.00	—
湿表面面积	S	m^2	577.962	574.117	-0.67%
排水体积	∇	m^3	891.939	900.489	0.96%

图 4.105　优化方案模型示意图

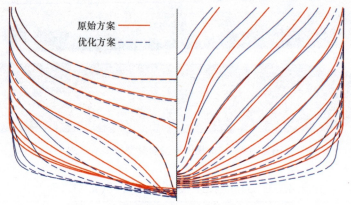

图 4.106 优化方案和原始方案横剖线对比

表 4.55 优化方案与原始方案的模型阻力数值计算结果比较

V_s/kn	Fr	$1000C_r$			R_t/N		
		原始方案	优化方案	比较	原始方案	优化方案	比较
13.0	0.28	2.309	1.776	−23.08%	35.184	31.179	−11.38%
13.5	0.291	2.594	1.876	−27.68%	39.777	34.162	−14.12%
14.0	0.302	2.831	1.938	−31.54%	44.396	37.045	−16.56%
14.5	0.312	2.979	2.062	−30.78%	48.650	40.566	−16.62%
15.0	0.323	3.103	2.243	−27.72%	52.971	44.779	−15.47%
15.5	0.334	3.271	2.568	−21.49%	57.939	50.565	−12.73%
16.0	0.345	3.584	2.966	−17.24%	64.62	57.526	−10.98%
16.5	0.355	3.887	3.479	−10.50%	71.696	66.234	−7.62%
17.0	0.366	4.217	4.172	−1.07%	79.567	77.615	−2.45%

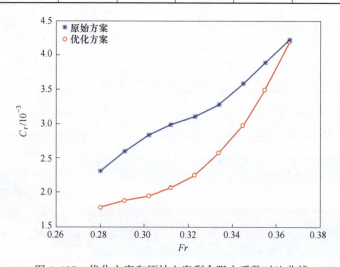

图 4.107 优化方案和原始方案剩余阻力系数对比曲线

表4.56 优化方案与原始方案实船阻力与有效功率结果比较

V_s/kn	Fr	R_{ts}/kN			P_e/kW		
		原始方案	优化方案	比较	原始方案	优化方案	比较
13.0	0.280	60.620	52.366	−14.48%	405.381	350.183	−14.48%
13.5	0.291	69.451	57.796	−17.35%	482.299	401.362	−17.35%
14.0	0.302	78.315	62.992	−20.02%	563.996	453.646	−20.02%
14.5	0.312	86.381	69.520	−20.42%	644.295	518.537	−20.42%
15.0	0.323	94.567	77.496	−19.00%	729.676	597.956	−19.00%
15.5	0.334	104.103	88.789	−15.55%	830.032	707.934	−15.55%
16.0	0.345	117.249	102.552	−13.26%	965.003	844.040	−13.26%
16.5	0.355	131.215	120.004	−9.31%	1113.697	1018.548	−9.31%
17.0	0.366	146.846	143.110	−3.25%	1284.143	1251.468	−3.25%

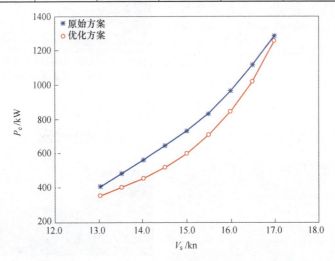

图 4.108 优化方案与原始方案有效功率对比曲线图

3. 自由面兴波对比

图 4.109~图 4.112 分别给出了优化方案与原始方案在不同航速下的自由面波形,可以看出船首自由面兴波波幅明显减小。

 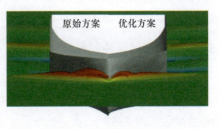

图 4.109 优化方案和原始方案自由面兴波云图比较(Fr=0.280, V_s=13.0kn)

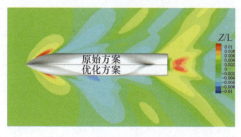 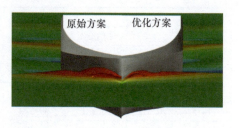

图 4.110　优化方案和原始方案自由面兴波云图比较（$Fr=0.302, V_s=14.0\text{kn}$）

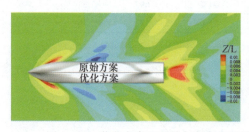 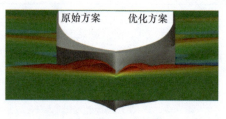

图 4.111　优化方案和原始方案自由面兴波云图比较（$Fr=0.323, V_s=15.0\text{kn}$）

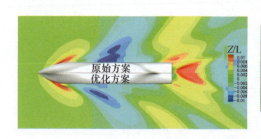 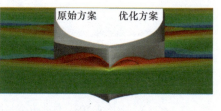

图 4.112　优化方案和原始方案自由面兴波云图比较（$Fr=0.345, V_s=16.0\text{kn}$）

本节以 63m 拖网渔船原始方案为优化设计对象,设计航速为 15kn 时的模型总阻力为优化目标,完成了该船的线型优化设计,结果表明:在满足工程约束条件下,优化方案模型总阻力减小了 15.47%,换算到实船有效功率减小了 19.0%。

4.5.3　多功能远洋渔船船型优化设计

多功能远洋渔船是一艘集远洋渔业资源捕捞、加工为一体的多功能渔业作业船,主要用于秋刀鱼和鱿鱼的捕捞。该船原始方案外形示意图如图 4.113 所示,主要船型参数如表 4.57 所示。

图 4.113　多功能远洋渔船船模型外形示意图

表 4.57　多功能远洋渔船原始方案主尺度要素表（$\lambda=13.52$）

参　数	符号	单位	实船	模型
总长	L_{OA}	m	77.40	5.725
垂线间长	L_{PP}	m	67.60	5.00
水线长	L_{WL}	m	67.60	5.00
型宽	B	m	11.40	0.843
型深	H	m	7.40	0.547
艏吃水	T_F	m	4.30	0.318
艉吃水	T_A	m	4.30	0.318
湿表面积(无舭龙骨)	$S(T=4.3)$	m^2	1059.2	5.795
排水体积(无舭龙骨)	∇	m^3	2259.8	0.903
方形系数	C_B	—	0.682	0.682
浮心位置	L_{CB}(距艉柱)	m	33.68	2.491

1. 优化设计结果

最终得到的最优解集帕累托前沿如图 4.114 所示,选取五个优化方案进行分析,Opt1 是航速为 12kn 时阻力收益相对最小,而为 14kn 时阻力收益相对最大；Opt5 是航速为 12kn 时阻力收益相对最大,而为 14kn 时阻力收益相对最小,如表 4.58 所示,排水量均有较大增加,在 3% 以上。

从减阻效果来看,优化方案 Opt5 的结果最令人满意。其航速为 12kn 和 14kn 时的模型总阻力分别降低了 5.0% 和 11.2%。表 4.59 给出了不同傅汝德数下的优化方案与原始方案的阻力结果对比,总阻力系数降低 7.1%~16.2%,航速越高,减阻效果越明显。在不同航速下($Fr=0.20 \sim 0.32$),其剩余阻力系数降低 25% 左右。

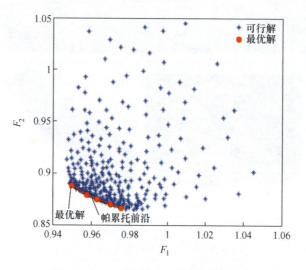

图 4.114 目标函数 F_1、F_2 的帕累托解集

表 4.58 最优解集及其相关参数比较

优化方案	F_1	F_2	$(S'-S)/S$	$(\Delta'-\Delta)/\Delta$
Opt1	0.9755	0.8666	2.8%	3.7%
Opt2	0.9698	0.8703	2.4%	3.3%
Opt3	0.9629	0.8751	2.5%	3.5%
Opt4	0.9577	0.8794	2.4%	3.2%
Opt5	0.9498	0.8882	2.6%	3.6%

表 4.59 优化方案(Opt5)与原始方案不同傅汝德数下的阻力比较

Fr	R_t/N			$C_t/10^{-3}$			$C_r/(10^{-3})$		
	原始方案	优化方案	比较	原始方案	优化方案	比较	原始方案	优化方案	比较
0.22	21.6	20.6	−4.7%	4.575	4.249	−7.1%	1.256	0.930	−25.9%
0.24	25.7	24.4	−5.0%	4.568	4.229	−7.4%	1.301	0.962	−26.0%
0.26	32.8	30.6	−6.7%	4.970	4.519	−9.1%	1.750	1.299	−25.7%
0.28	50.1	44.5	−11.2%	6.545	5.667	−13.4%	3.367	2.489	−26.1%
0.30	76.5	65.9	−13.9%	8.715	7.318	−16.0%	5.576	4.179	−25.1%
0.32	101.4	87.2	−14.0%	10.152	8.510	−16.2%	7.049	5.407	−23.3%

2. 船体线型对比

优化方案与原始方案的线型比较如图 4.115 所示。在船艉靠近水线附近,优

化方案横剖线与原始方案相比向外扩张,在基线附近优化方案的横剖线略微向内收缩,球首则明显变大。在船尾水线以下,优化方案横剖线与原始方案相比明显向内收缩。

图 4.116 给出了优化方案与原始方案桨盘面无因次轴向速度云图。优化方案与原始方案桨盘面轴向速度的轮廓线非常相似,表明船尾形状的变化对流场的影响很小。

图 4.117 和图 4.118 分别给出了优化方案与原始方案在傅汝德数 $Fr=0.24$ 和 $Fr=0.28$ 时的自由面波形比较。优化方案的首尾波形均有明显改善,波幅降低。

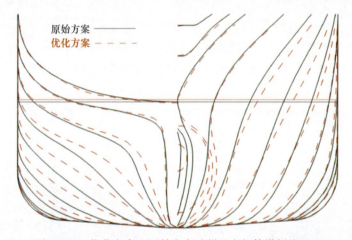

图 4.115 优化方案和原始方案球艏及主船体横剖线对比

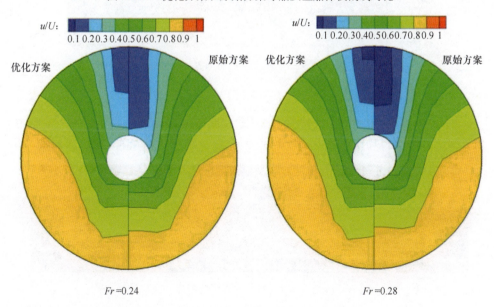

图 4.116 优化方案与原始方案桨盘面无因次轴向速度云图($(r/R)_{max}=1.2$)

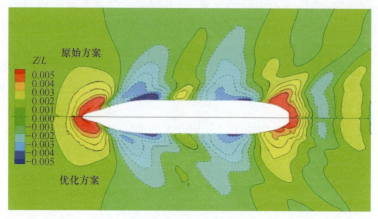

图 4.117 优化方案与原始方案自由面波形比较($Fr=0.24$)

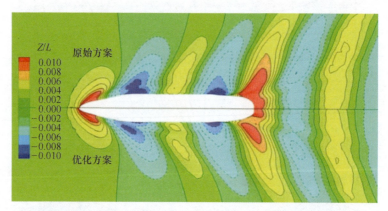

图 4.118 优化方案与原始方案自由面波形比较($Fr=0.28$)

3. 水池模型试验验证

为了验证优化设计效果,针对优化方案和原始方案分别开展了拖曳水池阻力模型试验。图 4.119 和图 4.120 分别为原始方案和优化方案模型试验照片。

图 4.119 原始方案模型照片

图 4.120　优化方案模型照片

图 4.121~图 4.124 分别为原始方案和优化方案在航速为 12kn 和 14kn 时自由面波形的试验照片。优化方案与原始方案模型总阻力 CFD 计算结果和试验结果比较如表 4.60 和图 4.125 所示,傅汝德数为 0.24 和 0.28 时优化方案模型总阻力分别减小 6.0%和 11.8%。从图 4.125 中可看出 CFD 计算结果与模型试验结果吻合较好,这也表明数值方法在船舶阻力优化中具有较高的精度。

表 4.60　优化方案和原始方案水池模型阻力试验结果对比

Fr	R_t/N			$C_t/10^{-3}$			$C_r/10^{-3}$		
	原始方案	优化方案	比较	原始方案	优化方案	比较	原始方案	优化方案	比较
0.20	17.856	17.189	-3.7%	4.572	4.290	-6.2%	1.195	0.913	-23.6%
0.22	22.040	20.756	-5.8%	4.664	4.281	-8.2%	1.345	0.962	-28.4%
0.23	24.216	22.726	-6.2%	4.689	4.289	-8.5%	1.396	0.997	-28.6%
0.24	26.352	24.765	-6.0%	4.686	4.293	-8.4%	1.419	1.026	-27.7%
0.25	29.047	27.273	-6.1%	4.760	4.357	-8.5%	1.517	1.114	-26.6%
0.26	33.614	31.164	-7.3%	5.093	4.603	-9.6%	1.873	1.383	-26.2%
0.27	40.729	37.054	-9.0%	5.722	5.075	-11.3%	2.524	1.876	-25.7%
0.28	51.548	45.462	-11.8%	6.734	5.789	-14.0%	3.557	2.612	-26.6%
0.29	64.749	56.017	-13.5%	7.886	6.650	-15.7%	4.728	3.492	-26.1%
0.30	79.027	67.620	-14.4%	9.003	7.509	-16.6%	5.864	4.370	-25.5%
0.31	92.875	79.331	-14.6%	9.908	8.250	-16.7%	6.788	5.129	-24.4%
0.32	105.350	90.199	-14.4%	10.547	8.803	-16.5%	7.444	5.700	-23.4%

图 4.121　原始方案模型艏部和艉部试验波形(V_s=12kn)

图 4.122　优化方案模型艏部和艉部试验波形($V_s = 12$kn)

图 4.123　原始方案模型艏部和艉部试验波形($V_s = 14$kn)

图 4.124　优化方案模型艏部和艉部试验波形($V_s = 14$kn)

本节以某多功能远洋渔船为优化设计对象,设计航速和经济航速下的总阻力为优化目标,开展了线型优化设计,优化结果经过模型试验验证表明:在满足工程约束条件下,优化方案在航速为 12kn 和 14kn 时模型总阻力分别减小了 6.0% 和 11.8%。

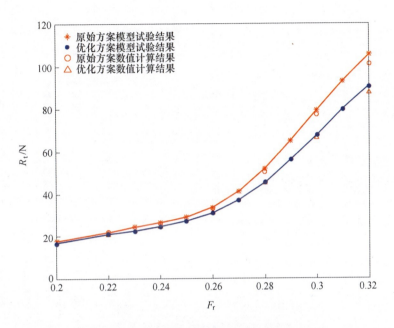

图 4.125 优化方案与原始方案模型总阻力 CFD 计算结果和试验结果的比较

4.6 船型设计技术应用效果总结

本章节详细介绍了全局流场优化驱动的船型设计方法在船舶实际工程设计中的应用情况,给出了不同类型船舶、不同设计需求的设计结果,从设计结果及其验证来看,该设计方法减阻效果显著,在满足总体设计要求前提下,有效的提升了船舶的航行性能。如表 4.61 所示。

以数值评估、数学建模、数理寻优为特征的船型设计模式可以很好地解决船舶阻力/流场/波浪增阻/运动响应等多目标综合优化设计等问题,高精度求解器的应用,大幅拓展了船型优化设计问题的范围。

表 4.61 应用对象设计关切和设计效果汇总表

船舶种类	船舶名称	设计关切	设 计 效 果	备注
水面舰船	DTMB5415标模	三个航速下的总阻力	优化方案 Opt1 三个设计点的模型总阻力收益分别为：3.80%、5.98%和4.70%	
			优化方案 Opt2 三个设计点的模型总阻力收益分别为：4.50%、5.87%和4.54%	
	水面舰船概念方案	波浪中阻力与运动响应	优化方案波阻力减小3.4%，垂荡和纵摇幅值减小8.3%和6.6%	
科考调查船	"蓝海101"号船	总阻力	实船有效功率减小13.4%	
	"新实践"号船	总阻力	试验验证模型总阻力减小6.3%	
	智能技术试验船	总阻力与桨盘面流场不均匀度	模型总阻力减小10.1%，桨盘面流场不均匀度减小13.3%	
	"探索一号"船	总阻力	模型总阻力减小7.7%	
小水线面双体船	"北调996"船	经济航速与设计航速总阻力	模型总阻力分别减小5.1%和6.3%	主船体优化
			模型总阻力分别减小9.8%和3.4%，首尾鳍面积分别减小44.8%和47.7%	首尾鳍优化
	"三峡运维001"船	不同吃水时的总阻力	设计航速模型总阻力分别减小11.1%和14.7%	
低速肥大型船	6600DWT 散货船	总阻力与桨盘面流场不均匀度	模型总阻力减小2.4%，桨盘面流场不均匀度减小1.3%	
	44600DWT 散货船	总阻力为桨盘面流场不均匀度	模型总阻力减小5.0%，桨盘面流场不均匀度减小4.4%	
渔船	63m 拖网渔船	总阻力	实船有效功率减小19.0%	
	多功能远洋渔船	经济航速与设计航速总阻力	试验验证模型总阻力分别减小6.0%和11.8%	

参 考 文 献

[1] MAISONNEUVE J J, H ARRIES S. Toward optimal design of ship hull shapes[C]. Greece, Athens: IMDC03, 2003.

[2] Final Report and Recommendations to the 26th ITTC. 26th International Towing Tank Conference [C]. Rio de Janeiro, Brazil: [s. n], 2011.

[3] HINO T, KODAMA Y, HIRATA N. Hydrodynami c shape optimization of ship hull forms using CFD. Proceedings[C]. Japan, Osaka: Osaka Prefecture University and Osaka University, 1998.

[4] TAHARA Y, HIMENO Y. An application of computational fluid dynamics to tanker hull form optimization problem[C]. Japan, Osaka: Osaka Prefecture University and Osaka University, 1998.

[5] Hino T. Shape optimization of practical ship hull forms using Navier-Stokes analysis[C]. France, Nantes: Proceedings, 7th International Conference on Numerical Ship Hydrodynamics, Names, 1999.

[6] JANSON C, LARSSON L. A method for the optimization of ship hulls from a resistance point of view. Proceedings, 21st Symposium on Naval Hydrodynamics[C]. Norway: Trondheim, 1996.

[7] DAY A H, DOCTORS L J. The survival of the fittest-evolutionary tools for hydrodynamic design of ship hull form [J]. Trans. Royal Inst. Naval Architects, 2000: 182-197.

[8] HUAN J, HUANG T T. Sensitivity analysis methods for shape optimization in nonlinear free surface flow[C]. Japan, Osaka: Osaka Prefecture University and Osaka University, 1998.

[9] YANG C, NOBLESE F, LOHNER R. Practical hydrodynamic optimization of a trimaran [C]. [s. l]: SNAME Transactions, 2001.

[10] RAGAB S A. An adjoint formulation for shape optimization in free-surface potential flow [J]. Journal of Ship Research, 2001, 45(4), 269-278.

[11] SAHA G, SUZUKI K, KAI H. Hydrodynamic optimization of ship hull forms in shallow water[J]. Journal of Marine Science and Technology, 2004, 9: 51-62.

[12] SAHA G, SUZUKI K, KAI H. Hydrodynamic optimization of a catamaran hull with large bow and stern bulbs installed on to center plane of the catamaran [J]. Journal of Marine Science and Technology, 2005, 10: 32-40.

[13] HARRIES S, ABT C. Formal hydrodynamic optimization of a fast mono-hull on the basis of parametric hull design[C]. USA, Seattle: ICFST, 1999.

[14] CHEN P. Huang C. An inverse hull design approach in minimizing the ship wave [J]. Ocean Engineering, 2004, 31: 1683-1712.

[15] TAHARA Y, PATTERSON E, STERN F, et al. Flow-and wave-field optimization of surface combatants using CFD-based optimization methods[C]. France, Val de Reuil: Proceedings, 23rd ONR Symposium on Naval Hydrodynamics, 2000.

[16] TAHARA Y, DIEZ M, VOLPI S, et al. CFD-based multiobjective stochastic optimization of a waterjet Propelled high speed ship [C]. Australi, Hobert: 30th Symposium on Naval Hydrodynamics, 2014.

[17] TAHARA Y, ICHINOSE Y, KANEKO A, et al. Application of simulation based design for ESD installed commercial ships [C]. USA, California: 31st Symposium on Naval Hydrodynamics Monterey, 2016.

[18] VALORANI M, PERI D, Campana E F. Efficient strategies to design optimal ship hulls [C]. USA, Reston: AIAA 8th Multidisciplinary Analysis and Optimization Conf, 2000.

[19] PERI D, ROSSETTI M, CAMPANA E F. Design optimization of ship hulls via CFD techniques [J]. Journa of Ship Research, 2001, 45(2): 140-149.

[20] VALORANI M, PERI D, CAMPANA E F. Sensitivity analysis techniques for design optimization ship hulls [J]. Optimization and Engineering, 2002, 4(4): 337-364.

[21] CAMPANA E F, PERI D, BULGARELLI U P. Optimal Shape Design of a Surface Combatant with Reduced Wave Pattern [C]. France, Paris: INSEAN, 2002.

[22] PERI D, CAMPANA E F. Multidisciplinary design optimization of a naval surface combatant [J]. Journal of Ship Research, 2003, 47(1): 1-12.

[23] PERI D, CAMPANA E F. High-fidelity models and multiobjective global optimization algorithms in simulation-based design [J]. Journal of Ship Research, 2005, 49(3): 159-175.

[24] CAMPANA E F, PERI D, TAHARA Y, et al. Comparison and validation of CFD based local optimization methods for surface combatant bow [C]. Canada, St. John's: The 25th Symposium on Naval Hydrodynamics, 2004.

[25] TAHARA Y, PERI D, CAMPANA E F, et al. Computational fluid dynamics-Based multiobjective optimization of a surface combatant [J]. Marine Science and Technology, 2008, 13(2): 95-116.

[26] CAMPANA E F, PERI D, TAHARA Y, et al. Numerical optimization methods for ship hydrodynamic design [C]. [s.l]: SNAME Annual Meeting, 2009.

[27] PERI D, CAMPANA E F. Variable fidelity and surrogate modeling in simulation-based design [C]. Seoul, Korea: 27th Symposium on Naval Hydrodynamics, 2008.

[28] PERI D. Self-learning metamodels for optimization [J]. Journal Ship Research. 2009, 56(3): 94-108.

[29] PINTO A, PWEI D, CAMPANA E F. Multiobjective optimization of a containership using deterministic particle swarm optimization [J]. Journal of Ship Research, 2007, 51: 217-228.

[30] ZALEK S. F. Multi-criterion evolutionary optimization of ship hull forms for propulsion and seakeeping [D]. Michigan: Michigan University, 2007.

[31] PWEI D, CAMPANA E F. Simulation based design of fast multihull ship [C]. Italy, Rome: 26th Symposium on Naval Hydrodynamics, 2006.

[32] CAMPANA E F, PERI D. Shape optimization in ship hydrodynamics using computational fluid dynamics [J]. Computer Methods in Applied. Mechanics and Engineering. 2006, 196: 634-651.

[33] TAHARA Y, PERI D, CAMPANA E F, et al. Single and multiobjective design optimization of a fast multihull ship: Numerical and experimental results [C]. Korea, Seoul: 27th Symposium on Naval Hydrodynamics, 2008.

[34] KIM H,YANG C,CHUN H H. A Combined local and global hull form modificati on approach for hydrodynamic optimization[C]. USA,Pasadena:28th Symposium on Naval Hydrodynamics,2010.

[35] KIM H. Multi-objective optimization for ship hull form design [D]. FairFax:George Mason University,2009.

[36] YANG C,HUANG F X,WANG L J. A NURBS-based modification technique for bulbous bow generation and hydrodynamic optimization[C]. USA,California:31st Symposium on Naval Hydrodynamics Monterey,2016.

[37] DIEZ M,FASANO G,PERI D,et al. Multidisciplinary robust optimization for ship design[C]. USA,Pasadena:28th Symposium on Naval Hydrodynamics,2010.

[38] HAN S,LEE Y S,CHIO Y B. Hydrodynamic hull form optimization using parametric models [J]. Journal Mar Sci Technol,2012,(17):1-17.

[39] SERANI A,D'AGOSTINO D,CAMPANA E F,et al. Assessing the interplay of shape and physical parameters by unsupervised nonlinear dimensionality reduction methods[J]. Ship Res,2018:313-327.

[40] DEMO N. mull shape design optimization with parameter space and model reductions,and self-learning mesh morphing[J]. Journal of Marine Science and Engineering,2021,9(2):185.

[41] GRIGOROPOULOS G J. Mixed-fidelity design optimization of hull form using CFD and potential flow solvers[J]. Journal of Marine Science and Engineering,2021,9(11):1234.

[42] HARRIES S,UHAREK S. Application of radial basis functions for partially-parametric modeling and principal component analysis for faster hydrodynamic optimization of a catamaran[J].Journal of Marine Science and Engineering,2021,9(10):1069.

[43] HAMED A. Multi-objective optimization method of trimaran hull form for resistance reduction and propeller intake flow improvement[J]. Ocean Engineering,2022,244:110352.

[44] ICHINOSE Y. Method involving shape-morphing of multiple hull forms aimed at organizing and visualizing the propulsive performance of optimal ship designs[J]. Ocean Engineering,2022,263:112355.

[45] KHAN S. Shape-supervised dimension reduction:Extracting geometry and physics associated features with geometric moments[J]. Computer-Aided Design,2022,150:103327.

[46] 卢晓平,陈军. 穿浪双体船的船型优化[J]. 船舶工程. 2003,25(1): 18-21.

[47] 叶茂盛. 最小阻力船型优化方法研究[D]. 大连:大连理工大学,2007.

[48] 张宝吉. 船体线型优化设计方法及最小阻力船型研究[D]. 大连:大连理工大学,2009.

[49] 张宝吉,马坤,纪卓尚. 基于非线性规划法的最小阻力船型优化设计[J].武汉理工大学学报,2010,34(2),358-361.

[50] 张宝吉,马坤,纪卓尚. 基于遗传算法的最小阻力船型优化设计[J]. 船舶力学,2011,15(4):325-331.

[51] 冯佰威,刘祖源,詹成胜,等. 基于CAD/CFD的船型阻力性能优化设计[C]. 北京:全国现代制造集成技术学术会议,2010.

[52] 冯佰威,刘祖源,詹成胜,等. 船舶CAD/CFD一体化设计过程集成技术研究[J]. 武汉理

工大学学报.2010,34(4):649-651.

[53] 冯佰威,刘祖源.一种新的曲面修改方法在船型优化中的应用[J].中国造船,2013,54(1):30-39.

[54] 钱建魁,毛筱菲,王孝义,等.基于CFD和响应面方法的最小阻力船型自动优化[J].船舶力学,2012,16(1-2):36-43.

[55] 吴建威,刘晓义,万德成.基于NM理论的船型优化技术应用[C].南宁:第十七届中国海洋工程学术讨论会,2015.

[56] 邓贤辉,方昭昭,赵丙乾.基于计算流体力学的最小阻力船型自动优化[J].中国舰船研究,2015,10(3):19-25.

[57] 侯远航,梁霄,姜晓静,等.不确定性优化方法在船型优化设计中的应用[J].华中科技大学学报,2016,44(6):72-77.

[58] 李胜忠.基于SBD技术的船舶水动力构型优化设计研究[D].北京:中国舰船研究院,2012.

[59] 程细得,沈通,冯佰威,等.船体曲面变形中支撑半径的确定方法及应用研究[J].中国造船,2016,57(03):127-137.

[60] 赵峰,李胜忠,杨磊.全局流场优化驱动的船舶水动力构型设计新方法[J].水动力学研究与进展(A辑),2017,32(4):395-407.

[61] 倪其军,李胜忠,阮文权,等.SBD技术在"探索一号"科考船线型设计中的应用[J].船舶力学,2018,22(1):54-60.

[62] 万德成,缪爱琴,赵敏.基于水动力性能优化的船型设计研究进展[J].水动力学研究与进展(A辑),2019,34(6):693-712.

[63] 李胜忠,徐伟光,梁川,等.船舶规则波中阻力与运动响应多目标优化设计研究[C].北京:中国造船工程学会,2020.

[64] 吴皓.基于SBD技术的远洋渔船船型优化[D].大连:大连理工大学,2020.

[65] 陆超,崔敬玉,孟凡华,等.高速船型融合特型球鼻艏的多方案优化设计[J].中国舰船研究,2020,15(3):54-60.

[66] 汤佳敏.基于卷积神经网络的船舶阻力性能快速预报方法研究[D].哈尔滨:哈尔滨工程大学,2020.

[67] 冯榆坤.基于支持向量回归算法的船型优化设计研究[D].上海:上海交通大学,2020.

[68] 陈帅.基于兴波阻力的船型优化设计方法研究[D].哈尔滨:哈尔滨工程大学,2021.

[69] 庄正茂.小水线面双体船船型参数化优化设计方法研究[D].大连:大连理工大学,2021.

[70] 冯佰威,王首茗,冯梅.改进的径向基插值方法在船型优化中的应用[J].华南理工大学学报(自然科学版),2022,50(3):57-64.

[71] 赵峰,李胜忠,杨磊,刘卉.基于CFD的船型优化设计研究进展综述[J].船舶力学,2010,14(7):812-821.

[72] LACKENBY H. On the Systematical Geometrical Variation of Ship Forms[J]. Transaction of Royal Institute of Naval Architects,1950,92:289-315.

[73] KIM H J, CHUN H H. Optimizing using parametric modification functions and global

optimization methods[C]. Korea seoul:27th Symposium on Naval Hydrodynamics,2008.

[74] 吉贝尔·德忙热,让皮尔·甫热. 曲线与曲面的数学[M]. 王向东译.北京:商务印书馆,2000.

[75] SEDERBERG T W, PARRY S R. Free-form deformation of solid geometric models [J]. Proc. SIGGRAPH'86, Computer Graphics,1986,20(4):151-159.

[76] JAMSHID A. Aerodynamic shape optimization based on free-form deformation [C].[s.1]:AIAA,2004.

[77] 陆丛红. 基于 NURBS 表达的船舶初步设计关键技术研究[D]. 大连:大连理工大学,2005.

[78] 陆丛红,林焰,纪卓尚. 船舶设计中的三维参数化技术[M]. 北京:国防工业出版社,2007.

[79] 盛振邦,刘应中. 船舶原理[M]. 上海:上海交通大学出版社.2004.

[80] 刘应中. 船舶兴波阻力理论[M]. 北京:国防工业出版社,2003.

[81] 李胜忠,赵峰. 基于 Bezier Patch 几何重构技术的船舶球艏构型优化设计研究[C]. 西安:第二十三届全国水动力学研讨会,2011.

[82] 郭科,陈聆,魏友华. 最优化方法及其应用[M]. 北京:高等教育出版社,2007.

[83] SRINIVAS N, DEB K. Multi-objective function optimization using nondominated sorting genetic algorithms [J]. Evolutionary Computation,1995,2(3):221。248.

[84] DEB K, AGRAWAL S, PRATAP A, et al. A fast elitist nondominated sorting genetic algorithm for multl-objeotive optimization:NSGA-Ⅱ[C]. Paris:Proc of the Parallel Problem Solving from Nature VI Conf,2000.

[85] DEB K, PRATAP A, AGARWAL S, et al. A fast and elitist multiobjective genetic algorithm:NSGA-Ⅱ[J]. IEEE Transactions on Evolutionary Computation,2002,6(2):182-197.

[86] KENNEDY J, EBERHART R C. Particle swarm optimization. Proc. IEEE Intl. Conf. on Neural Networks[C]. Piscataway:NJ:IEEE Service Center,1995.

[87] KENNEDY J, EBERHART R C. A discrete binary version of the particle swarm algorithm[C]. Piscataway,NJ: IEEE Service Center,1997.

[88] CAMPANA E F, LIUZZI D, LUCIDI S, et al. New global optimization methods for ship design Problems [J]. Optimization Engineering. 2009,10:533-555.

[89] BOULIC R, CAPIN T, HUANG Z, et al. The humanoid environment for interactive animation of multiple deformation human characters [J]. Computer Graphics Forum,1995,14(3):337-348.

[90] PATANKAR S V, SPALDING D B. A calculation processure for heat, mass and momentum transfer in three-dimensional parabolic flows[J]. Int J Heat Mass Transfer,1972,15:1787-1806.

[91] MEAKIN R L. Adaptive spatial partitioning and refinement for overset structured grids[J]. Comput Method Appl M,2000,189(4):1077-1117.

[92] CHANW M. Overset grid technology development at NASA Ames Research Center[J]. Computers and Fluids,2009,38(3):496-503.

后　　记

绿色船舶概念把传统意义上的"使用功能和性能要求"与 21 世纪"节约资源与保护环境的新技术要求"紧密地结合起来,赋予船舶总体设计技术新的高技术内涵,正引领着船舶技术的一场革命。在船舶构型设计方面,"绿色"目标对船舶水动力设计提出了前所未有的高要求:比传统的设计更减阻增效,波浪环境中更平稳安全,对结构的水动力载荷更小。这些要求给船舶设计者带来了新的挑战,传统基于母型船和经验的设计方法已很难适应新的需求。

高精度船舶 CFD 技术与最优化理论融合形成的全局流场优化驱动的船型设计方法在以船舶静水阻力最优为主要目标的船型设计方面展现出了巨大的优势,是绿色船舶技术的重要体现,代表着当前船型设计技术的发展方向。本书给出的十几艘各类船舶船型设计过程中的实际应用,展现出了非常好的设计效果。

随着 CFD 数值评估应用技术的发展,这种设计方法已用于多体船、高速船艇、小水线面双体船等高性能船舶线型设计以及其他构型设计,其应用范围的不断拓展和应用能力的不断提升,必将为绿色节能船型设计和舰船构型创新打开新局面。